MANUEL LARBIG

WARUM HÄMMERT DER SPECHT?

Ein Naturführer für die ganze Familie

Mit Illustrationen
von Matthias Holz

 PENGUIN VERLAG

Penguin Random House Verlagsgruppe FSC® N001967

1. Auflage
Copyright © 2024 by Penguin Verlag
in der Penguin Random House Verlagsgruppe GmbH,
Neumarkter Straße 28, 81673 München
Lektorat: Ulrike Gallwitz
Bildbearbeitung: Lorenz+Zeller, Inning a. Ammersee
Umschlaggestaltung: Hafen Werbeagentur gsk GmbH
Umschlagabbildungen: Matthias Holz/Kombinatrotweiss (Illustrationen)
und Benjamin Zibner
Bildredaktion: Bele Engels
Satz: Uhl + Massopust, Aalen
Druck und Bindung: Pixartprinting, Lavis
Printed in Italy
ISBN 978-3-328-10998-3

www.penguin-verlag.de

Für Fjell, Neyla und Lovis

Inhalt

Vorwort

Kinder sind von Natur aus neugierig, wissensdurstig und lernen unglaublich schnell. Das bringt erwachsene Menschen, die regelmäßig mit Kindern zu tun haben – ob beruflich oder privat –, nicht selten in die Verlegenheit, keine Antwort auf scheinbar einfache und banal klingende Fragen in Bezug auf die uns umgebende Natur parat zu haben. Zumal es möglicherweise schon länger her ist, dass man sich mit diesen Themen beschäftigt hat. Ob es nun darum geht, was Schmetterlinge im Winter machen, ob Enten im kalten Wasser frieren oder warum Pflanzen eigentlich grün sind – nicht jeder und jede kann diese und ähnliche Fragen wahrscheinlich gleich beantworten, auch nicht unbedingt nach kurzem Kramen in Erinnerungen an den Biologieunterricht in der Schule.

Dieses Buch möchte Erwachsenen daher eine Art »Nachhilfe« in Naturkunde geben und ihnen dabei helfen, Kinder mit Spaß an das Entdecken unserer Natur heranzuführen. Da der Verlag und ich ein Buch für die ganze Familie kreieren wollten, stand ich hier und da vor der Schwierigkeit, Wissen kindgerecht zu vermitteln und es gleichzeitig als angenehm lesbar für Erwachsene zu gestalten. Beim Schreiben fiel mir dann immer mehr auf, dass sich das überhaupt nicht ausschließen muss, auch Erwachsene können durchaus von klaren und bildlichen Erläuterungen profitieren.

Ich hoffe, mit diesem Buch Familien, Eltern, Großeltern, Lehrer, Lehrerinnen, Betreuerinnen, Betreuer und alle anderen motivieren zu können, mit Kindern rauszugehen in die Natur und teilzuhaben am kindlichen Forschergeist.

Woher kommen die dicken Beulen an manchen Bäumen?

▶▶ KURZANTWORT: Solche Wucherungen werden auch Baumkrebs genannt, wobei sie nicht wirklich etwas mit der Krebserkrankung zu tun haben, die Menschen und Tiere bekommen können. Vielmehr handelt es sich bei den Beulen um die Reaktion des Baumes auf eine Infektion der Rinde oder des Holzes mit Pilzen, Viren oder Bakterien.

Im Herbst dieses Jahres habe ich eine Baumführung für Familien gegeben. Die Gruppe bestand aus fünf Familien mit jeweils ein bis drei Kindern. Meine wichtigste Regel ist hier, dass die Eltern sich zurückhalten und der Fokus auf den Fragen der Kinder liegt. Ich habe die Erfahrung gemacht, dass Kinder eher mit ihren Fragen herausrücken, wenn die Eltern sich im Hintergrund halten. Nach anfänglicher Unsicherheit kamen während des Spaziergangs viele Fragen auf. Als wir dann aber vor einer mächtigen alten Stieleiche standen, war alles andere auf einmal uninteressant. Die Eiche war eine wirklich auffällige Erscheinung: Während sie kurz über dem Erdboden einen erstaunlichen Durchmesser hatte, wurde sie einen Meter weiter in Richtung Krone plötzlich viel schmaler. Es sah so aus, als hätte sie eine riesige Beule am Stamm. Natürlich wollten die

Kinder wissen, was solch eine Beule bedeutet, ob der Baum krank war.

Nach Pilz- oder Bakterienbefall bilden manche Bäume Wucherungen, um das infizierte Gewebe zu »überwallen«.

Wenn wir an Krankheiten denken, haben wir ja zunächst meist das Bild eines kranken Menschen oder eines kranken Tieres im Kopf. Doch nicht nur Tiere können von Krankheiten gezeichnet sein, sondern auch Pflanzen und Pilze. An dieser Stelle unternehmen wir daher kurz einen Abstecher (die Wissenschaftler sagen »Exkurs«) in die Welt der Krankheiten von Pflanzen und deren Mittel dagegen.

Das Immunsystem der Pflanzen

Um sich vor Krankheiten zu schützen und diese zu bekämpfen, haben Pflanzen wie wir Menschen ein Immunsystem. Doch das pflanzliche Immunsystem unterscheidet sich von dem unsrigen.

Unser Immunsystem hat zwei verschiedene Bausteine. Einmal gibt es das sogenannte angeborene Immunsystem. Diese Art der Abwehr steckt von Anfang an in uns und gehört zur körpereigenen »Grundausstattung«, entwickelt sich im Laufe unseres Lebens aber auch nicht weiter. Man könnte es mit der steinernen Mauer einer Burg vergleichen. Die Mauer schützt ziemlich gut vor Angriffen, kann aber während einer Belagerung nicht verändert und angepasst werden. Unsere Verteidigungsmauer besteht aus den sogenannten Fresszellen, die sich dauerhaft und überall in unserem Körper befinden, immer auf der Suche nach Krankheitserregern. Finden sie welche, werden diese sofort umschlossen und verdaut.

Die zweite Art von Immunsystem wird im Lauf des Lebens »erworben« und adaptiv genannt, was anpassungsfähig bedeutet. Das adaptive Immunsystem stellt sich auf Krankheitserreger ein, die unser Körper bis dahin noch nicht kennengelernt hat. Wenn wir uns die Ritterburg anschauen und die festen Mauern das angeborene Immunsystem sind, könnten wir uns die Soldaten, die die Burg verteidigen, als adaptives Immunsystem vorstellen. Die Verteidiger können flexibel reagieren: Rollen die Angreifer einen Rammbock in Richtung Tor, könnten sie zum Beispiel große Steine von den Torzinnen herunterwerfen oder die Angreifer mit Pfeilen beschießen. Erweist sich diese neue Verteidigungsmethode als wirkungsvoll, können die Soldaten auch bei späteren Attacken wieder darauf zurückgreifen.

Dass beide Anteile unseres Immunsystems gut zusammenarbeiten, sehen wir in dem folgenden Beispiel: Eine Fresszelle hat einen Krankheitserreger, ein sogenanntes Virus, umschlungen und verdaut. Nun schiebt sie kleine Teile des verdauten Virus an die eigene Oberfläche, sodass diese ein Stückchen herausschauen. Hier kommt das adaptive Immunsystem ins Spiel: Helferzellen nähern sich den Fresszellen mit den nach außen schauenden Virusteilchen und feilen wie Schlüsselmacher so lange an ihren Schlüsseln herum, bis einer gut in das Schloss des Virus passt. Ist die richtige Form gefunden, werden Tausende dieser Schlüssel (sogenannte Antikörper) produziert. Diese Schlüssel treiben nun umher und stecken sich in die Schlösser der Viren, die bis jetzt noch nicht gefressen wurden. Da die Schlüssel untereinander klebend sind, kleben sie die Viren zu richtigen Haufen zusammen. Die Fresszellen wiederum sehen die mit Schlüsseln markierten Viren und Virenhaufen und können sie viel schneller finden und fressen.

Die gewonnenen Informationen über die Erreger können im

adaptiven Immunsystem von den sogenannten Gedächtniszellen teilweise jahrzehntelang gespeichert werden. Kommen sie Jahre später in Kontakt mit den alten Erregern, schlagen sie sofort Alarm und haben direkt die richtigen Antikörper parat.

Wie wehren sich aber nun Pflanzen gegen Krankheitserreger? Pflanzen haben zunächst einmal eine äußere Schutzschicht, die sie vor dem Eindringen von Erregern schützt (wir haben so etwas in Form unserer Haut). Gäbe es diese Schutzschicht nicht, würde zudem sofort alles Wasser verdunsten, und die Pflanze wäre schnell vertrocknet. Die Laubblätter sind hierbei besonders gefährdet, also schützen sich Pflanzen mit einer Wachsschicht, Cuticula in der Fachsprache. Ihr kennt das vielleicht vom Schuhwachs: Auch hier führt eine Schutzschicht dazu, dass Schuhe innen trocken bleiben. Nun sind Pflanzen aber darauf angewiesen, Sauerstoff und Kohlendioxid mit der umgebenden Luft auszutauschen. Die Lösung: Kleine Spaltöffnungen können nach Bedarf geöffnet und wieder verschlossen werden. Durch diese Öffnungen können sich allerdings auch Keime hineinschleichen.

Ein anderer Weg für Krankheitserreger sind offene Wunden, die durch Verletzungen entstehen. Hat beispielsweise ein Reh das Laubblatt einer jungen Hainbuche angeknabbert und ist dann davongelaufen, weil es aufgeschreckt wurde, so hat das Blatt nun eine große offene Stelle. Wenn das Reh zuvor an einem anderen Baum geknabbert hat, der von einem Bakterium befallen war, so gelangt dieses Bakterium über den Speichel des Tieres in die Wunde der Hainbuche. Die erste Barriere, die Cuticula, hat das Bakterium auf diese Weise überwunden. Nun kommt jedoch die zweite zum Einsatz: sekundäre Pflanzenstoffe. Diese Stoffe werden von Pflanzen häufig zur Abwehr eingesetzt, wobei einige davon von Anfang an in der Pflanze vorhanden sind. So können zum Beispiel natürliche Seifenstoffe (Saponine) eine schnelle Ausbreitung von Bakterien und Pilzen im Pflanzenkörper verhindern.

Doch das Verteidigungssystem der Pflanzen hat noch mehr zu bieten!

Außen an den Pflanzenzellen, aus denen eine Pflanze aufgebaut ist, befinden sich kleine »Antennen« (Rezeptoren), die Krankheitserreger erkennen können. Wenn die Alarm schlagen, werden weitere Stoffe produziert, die die Eindringlinge angreifen. Hat dies immer noch nicht ausgereicht und die Erreger sind in die Zellen eingedrungen, können sich die betroffenen Zellen selbst zerstören, um den Eindringlingen zu schaden und ihnen Nahrung und Wasser zu entziehen. Auch können zum Beispiel einzelne Blätter abgeworfen werden, damit die gesunden Pflanzenteile nicht angesteckt werden.

Gleichzeitig werden Warnsignale an benachbarte und noch nicht betroffene Zellen geschickt, die sofort damit beginnen, ihre Zellwände zu verstärken und Abwehrstoffe zu produzieren. Wenn wir wieder den Vergleich mit der Burg heranziehen, ist es in etwa so, als würde ein Reiter einer angegriffenen Burg schnell wie der Wind zur benachbarten und befreundeten Burg eilen, um diese ebenfalls zu warnen. Die Bewohner der Nachbarburg können dann sofort mit dem Verstärken der Burgmauern und dem Vorbereiten einer Verteidigung beginnen.

Manche Pflanzen gehen sogar noch einen Schritt weiter und warnen ihre Artgenossen. Die Schirmakazien zum Beispiel, Bäume, die in der afrikanischen Savanne wachsen, geben einen Duftstoff in die Luft ab, sobald sie angefressen werden. Nehmen andere Akazien diesen wahr, beginnen sie selbst sofort mit der Produktion von Stoffen, die sie für die Pflanzenfresser ungenießbar machen.

Auch wenn das Immunsystem der Pflanzen gut funktioniert und es viele Wege kennt, sich gegen Eindringlinge zu behaupten, haben Pflanzen nicht wie wir ein »lernendes«, also adaptives Immunsystem.

Vielleicht ist euch schon aufgefallen, dass es vielen Rosskastanienbäumen bei uns nicht gut geht. Ihre Blätter werden oft schon im Sommer braun und fallen ab, zudem kann sich die Rinde verfärben und Risse bilden. Das Hauptproblem für die Kastanien ist der Klimawandel samt Trockenheit, der schwächt die Bäume so sehr, dass sie anfälliger für Krankheiten werden – das betrifft übrigens nicht nur diese Art, sondern auch viele andere Bäume. So geschwächt kann sich die Kastanie dann weder gegen die Miniermotte wehren, die sich Jahr für Jahr durch die Blätter frisst und damit ihr vorzeitiges Welken verursacht, noch gegen ein schädliches Bakterium, das die Rinde befällt und schädigt.

Damit kehren wir jetzt zurück zu unserer eigentlichen Frage: Was hat es mit den Beulen an der Eiche auf sich? Diese auffällige Krankheit wird auch Baumkrebs genannt, wobei das eigentlich kein passender Name ist. Einen Krebs hat man aus medizinischer Sicht nämlich dann, wenn sich Körperzellen ungehindert und in großer Zahl vermehren und danach auch gesunde Teile eines Körpers »anstecken«. Wenn man hingegen von »Baumkrebs« spricht, meint man eine Reihe unterschiedlicher Erkrankungen, die gemeinsam haben, dass sie die von außen sichtbare Beulen und Wucherungen verursachen. Solcher Baumkrebs kann zum Beispiel von Pilzen oder Bakterien ausgelöst werden.

Der äußere Teil der Rinde schützt den Baum, so wie unsere Haut uns schützt. Wenn die Rinde nun Verletzungen aufweist, können Krankheitserreger eindringen, die das Holz darunter befallen. Ganz ähnlich geschieht das ja auch bei uns, wenn sich Wunden entzünden. Der Baum kann dann eine Art Wundgewebe entstehen lassen, das relativ schnell über die Wunde wächst, um sie zu verschließen. Da die Infektion aber dadurch nicht unbedingt gestoppt wird, wächst dieses Gewebe immer weiter, bis schließlich enorme Beulen entstehen. Passiert das an einem Ast, kann es auch dazu führen, dass der vordere Teil abstirbt und sogar abbricht. Nicht alle Bäume, die von Baumkrebs befallen sind und solche Wucherungen ausbilden, sterben auch. Viele können trotzdem sehr alt werden. Die äußere Rinde des Baumes ist also seine wichtige Schutzschicht – wer sie einfach so aus Spaß verletzt, zum Beispiel durch Anritzen mit dem Messer, kann dem Baum damit ernsthaft schaden.

Warum sind Pflanzen grün?

▶▶ KURZANTWORT: Pflanzen sind grün, weil sie Chlorophyll enthalten, das eine grüne Farbe hat und für die Fotosynthese benötigt wird. Ein Lichtstrahl besteht – ganz einfach gesagt – aus einem ganzen Bündel von Farben. Mit der Farbe Grün kann die Pflanze nichts anfangen, weshalb diese einfach wieder reflektiert wird. Trifft der reflektierte Strahl unser Auge, nehmen wir dies als »grün« wahr.

Es war ein schöner, milder Sommertag, als ich mit einer Handvoll Kinder im Alter von acht bis zwölf Jahren im Berliner Grunewald unterwegs war. Unter der Woche ist dieser als Ausflugsziel sehr beliebte Wald am westlichen Rand der Stadt ziemlich leer, und man kann sich in aller Ruhe die vielen kleinen und großen Pflanzen anschauen. Ich wollte gerade etwas über den Schwarzen Holunder erzählen, da erreichte mich von einem Mädchen aus zweiter Reihe recht leise, aber bestimmt eine Frage: »Warum sind Pflanzen überhaupt grün?«

Ich begann irgendetwas mit Fotosynthese zu stottern, sammelte mich dann aber recht schnell wieder. Wo soll man da anfangen? Im Grunde müsste man erst einmal über unsere Sinne, über Farben, Licht und Wahrnehmung im Allgemeinen sprechen, was aber hier den Rahmen komplett spren-

Laubblatt mit deutlich erkennbaren Blattadern

gen würde (und wofür ich zudem alles andere als ein Experte bin!).

Bevor ich diese besonders gute Frage beantworten will, noch etwas vorweg: Es sind gar nicht alle Pflanzen grün. Selbst wenn wir die Welt der vielfältig gefärbten Blüten einmal außer Acht lassen und uns nur die Laubblätter ansehen, so gibt es einige Pflanzen, die alles andere als grün sind.

Die riesige Gruppe der Rotalgen ist beispielsweise oft stark rot gefärbt, auch gibt es eher bräunliche Algengruppen. Andere Pflanzen bekommen rote Blätter und Stängel, wenn sie an besonders sonnigen Orten stehen – hier können rote Farbstoffe nämlich wie »Sonnencreme« schützen. Manche Zierpflanzen wurden außerdem absichtlich so gezüchtet, dass sie rote Blätter bilden, weil viele Menschen das schön finden. Und dann gibt es in unseren Breiten mit dem Herbst ja eine ganze Jahreszeit, in der bei vielen Pflanzen das eigentlich grüne Laub bunt wird. Vielleicht habt ihr auch schon einmal eine sogenannte Blutbuche gesehen – sie hat sehr auffällige rote Blätter, die sich nicht erst im Herbst so färben. Hier kam es zu einer sogenannten Mutation. Um zu erklären, was das ist, machen wir wieder einen Exkurs.

Was ist eine Mutation?

Nicht immer läuft in der Natur alles nach einem bestimmten Plan, und manche Lebewesen entwickeln sich einfach anders als die anderen. Mutationen sind spontane Veränderungen von Merkmalen, die zum Beispiel dazu führen können, dass eine Maus im Gegensatz zu den anderen Mäusen nackt ist, eine Pflanze gelbe statt roter Blütenblätter bildet oder ein Pilz einer bestimmten Art anders geformt ist als die übrigen Pilze dieser Art.

Ganz oft haben solche Mutationen keine besonderen Auswirkungen (vor allem keine, die man von außen sehen kann). Eine Mutation kann aber auch von Nachteil oder von Vorteil sein! Hier mal ein witziges Beispiel einer vorteilhaften Mutation: Es gibt einen nachtaktiven Schmetterling namens Birkenspanner, der gerne in der Nähe von Birken lebt. Er hat weiß-schwarze Flügel, damit er, wenn er auf der weiß-schwarzen Birkenrinde sitzt, von Vögeln nicht so schnell gesehen wird. Bei einem kleinen Teil der Nachkommen gibt es nun Mutationen, und diese Birkenspanner haben völlig schwarze Flügel.

Der Birkenspanner in seiner hellen und seiner dunklen Form

Normalerweise ist das ein Nachteil, da sie dann ja leicht auf der hellen Rinde erspäht werden können. Als jedoch im 19. Jahrhundert der schmutzige Rauch aus den Schornsteinen der Industrie die Rinde vieler Birken schwarz färbte, war es auf einmal sehr vorteilhaft, schwarze Flügel zu haben, denn nun fielen Birkenspanner mit den normalen weiß-schwarzen Flügeln auf! Es ist also grundsätzlich von Vorteil, wenn es innerhalb einer Art verschiedene »Typen« und Ausprägungen gibt, weil das die Chance erhöht, dass die Art als Ganzes genügend Nachkommen hat. Das heißt umgekehrt, es ist nachteilig, wenn alle genau gleich sind.

Zurück zur Ausgangsfrage: Wir haben also festgestellt, dass gar nicht alle Pflanzen grün sind – manche sind nie grün, andere nur zeitweise. Trotzdem kann man sagen, dass der größte Teil aller Pflanzen, vor allem jene, die an Land leben, grüne Blätter bildet. Aber warum grün? Warum nicht blau, türkis, pink oder beige?

Das hat mit ihrer Ernährung zu tun. Pflanzen »essen« nicht andere Lebewesen, so wie wir Tiere und zum Teil die Pilze es tun, um lebensnotwendige Energie aufzunehmen, sondern sie betreiben die sogenannte Fotosynthese. Dabei werden Sonnenstrahlen, Kohlendioxid (das »Treibhausgas«) aus der Luft und Wasser in den Blättern in Kohlenhydrate umgewandelt, das heißt in Nahrung für die Pflanze. Das gilt im Übrigen auch für die besondere Gruppe der fleischfressenden Pflanzen, die ihren Speiseplan lediglich mit ein paar zusätzlichen Stoffen anreichern, indem sie kleines Getier verdauen.

Die Blätter funktionieren bei der Fotosynthese also wie »Solarzellen«. Eigentlich müsste man eher sagen, Solarzellen sind ein bisschen wie Blätter, denn natürlich guckt sich der Mensch immer nur etwas von den Pflanzen ab, nie umgekehrt. Um diese »Solarzellen« betreiben zu können, lagern die Pflanzen unter anderem einen Stoff in die Blätter ein, den man Chlorophyll nennt, was so viel wie »Blattgrün« bedeutet. Und damit kommen wir der Antwort ein Stückchen näher.

Eigentlich besteht Tageslicht aus mehreren Farben. Das sehen wir zum Beispiel beim Regenbogen, wenn Regentropfen das Licht »brechen«, oder bei manchen Kristallen, wenn Licht durch sie fällt und ebenfalls gebrochen wird. Bei der Fotosynthese kann die Pflanze nur manche Farben des Lichts wirklich gebrauchen, vor allem die rote und die blaue. Das grüne Licht wird zurückgeworfen (und nicht »verarbeitet« wie das rote und blaue), und das ist die Farbe, die wir dann sehen können. Aus diesem Grund sind Blätter für uns grün. Das Chlorophyll, das dafür verantwortlich ist, dass die Blätter grün erscheinen, ist außerdem der Stoff, der aus dem Kohlendioxid in der Luft, aus Wasser und Sonnenstrahlung Nahrung für die Pflanze schafft. »Aber warum wird das Laub vieler Bäume im Herbst dann so bunt? Brauchen die Pflanzen dann ein anderes Licht für die Fotosynthese?«, will Mila wissen, nachdem ich gerade ihre erste Frage beantwortet habe.

Wenn wir über den Herbst und das bunte Laub sprechen, müssen wir immer im Hinterkopf behalten, dass der Herbst nur in manchen Regionen der Welt so ist wie bei uns. In vielen Gegenden der Welt bleiben die Blätter das ganze Jahr über an den Bäumen, und andere Dinge ändern sich, wie zum Beispiel die Häufigkeit von Regengüssen. Wir sprechen also hier gerade über den Herbst in unseren Breiten.

Um zu verstehen, warum die Blätter der Bäume bei uns im Herbst bunt werden, müssen wir zunächst einmal auf den Winter schauen.

Der Winter ist für viele Tiere eine Herausforderung. Nicht nur, dass es kalt werden kann und die Gefahr besteht zu erfrieren, es ist in dieser Jahreszeit auch gar nicht so einfach, an flüssiges Wasser zu kommen. Und trinken müssen nun einmal alle Tiere und Pflanzen. Letztere sogar ziemlich viel. So braucht eine Rotbuche an heißen Sommertagen bis zu 400 Liter Wasser, das sind mehr als zwei volle Badewannen. Also gehen viele Bäume in der kalten Jahreszeit in eine Art Winterruhe und nehmen nur noch ganz wenig Wasser oder sogar gar keines mehr auf.

Um das regulieren zu können, werfen Bäume vor dem Winter ihre Blätter ab. Das »Trinken« bei Pflanzen funktioniert nämlich unter anderem mithilfe der Blätter: Diese verdunsten Wasser und ziehen, wie mit einem Strohhalm, das Wasser von den Wurzeln bis ganz nach oben durch. Wenn die Bäume also ihre Blätter abwerfen, so hören sie auch auf, viel Wasser zu sich zu nehmen. Der Abwurf der Blätter hat aber auch noch einige andere positive Effekte: Unerwünschte oder sogar giftige Stoffe werden in die Blätter verlagert und durch den Abwurf dann »entsorgt«.

Manchmal werfen Pflanzen schon vor dem Herbst ihre Blätter ab, unter Umständen passiert es sogar mitten im Sommer. Aufgrund des Klimawandels gibt es in den Sommermonaten viel heißere Tage und längere Perioden ohne Regen als noch vor einigen Jahrzehnten. Für viele Bäume ist das ein Problem – sie dürsten! Im Extremfall greift ein Baum zu einem letzten Mittel, um nicht an Wassermangel einzugehen: Er wirft seine Blätter ab. Dann kann er zwar keine Energie mehr mithilfe der Blätter gewinnen, aber wenigstens verliert er auch kaum noch Wasser. Der Baum reagiert auf den sogenannten Trockenstress also mit einer Art »Notfallprogramm«.

Aber nun zu der Frage, warum die Blätter bunt werden, bevor die Bäume sie abwerfen.

Ganz einfach: Ein Teil der in den Blättern enthaltenen Stoffe (vor allem Stickstoff) ist zu wichtig, um ihn einfach mit abzuwerfen. Damit der Baum diese Stoffe wiederverwenden kann, werden sie aus den Blättern gezogen und in den Stamm oder die Wurzeln geleitet. Auch das wertvolle Chlorophyll baut der Baum dabei ab. Da das Chlorophyll ja für die grüne Farbe der Blätter verantwortlich ist und es die ganze Zeit über Farben wie

Gelb oder Orange überdeckt hat, kann man die anderen Farben nun plötzlich deutlicher sehen. Gleichzeitig werden rote Farbstoffe produziert, die als Sonnenschutz dienen. Denn vor starker Herbstsonne müssen sich die Blätter, in denen ja gerade sehr viel abgebaut wird, schützen. Und die roten Farbstoffe schützen nicht nur vor der Sonne, sie sind auch eine Art Frostschutz. Wie praktisch!

Pflanzen sind also wirklich erstaunliche Lebewesen, da sie von der Sonne, von Luft und Wasser und außerdem von im Boden gelösten Stoffen leben können. Was nicht heißt, dass sie nicht auf andere Lebewesen angewiesen wären – denn das sind sie auf jeden Fall. Viele Pflanzen zum Beispiel müssen von Insekten bestäubt werden, damit sie sich fortpflanzen können, und sie kommen nur an für sie zum Leben nötige Stoffe aus dem Boden, indem sie andere Lebewesen wie Pilze, Bakterien und Tiere »zerkleinern« und in die chemischen Grundbestandteile zerlegen. Viele Bäume gehen auch Partnerschaften mit Pilzen ein und helfen sich auf diese Weise gegenseitig mit Nährstoffen.

Experiment mit Blättern

Um das Wunderwerk Fotosynthese einmal »live« beobachten zu können, machen wir folgendes einfache Experiment.

Was wir brauchen
- Ein frisch gepflücktes grünes Blatt
- Eine Schale mit Wasser
- Etwas zum Beschweren, zum Beispiel einen Stein

Anleitung

1. Zuerst stellst du eine kleine, flache Schale in die Sonne.
2. Lege dir etwas Kleines zum Beschweren bereit, einen Stein etwa.
3. Nun pflücke ein grünes Blatt von einem Baum oder Strauch und lege es so schnell wie möglich verkehrt herum, das heißt mit der Unterseite nach oben, in die Schale. Es muss vollständig mit Wasser bedeckt sein. Beschwere es mit dem Stein, damit es nicht nach oben schwimmt.
4. Warte zwanzig Minuten bis eine halbe Stunde.
5. Staune: Am Blatt haben sich winzige Luftbläschen gebildet.

Warum ist das so?

Die kleinen Luftblasen bilden sich, da das Blatt, bevor du es gepflückt hast, Fotosynthese betrieben hat und der dabei entstandene Sauerstoff nun durch die Spaltöffnungen des Blattes abgegeben wird.

Was sind das für komische Hörner auf den Buchenblättern?

▶▶ KURZANTWORT: Bei den auffälligen Gebilden auf den Blättern handelt es sich um sogenannte Pflanzengallen, die durch Insekten, Milben, Pilze, Viren oder Bakterien ausgelöst werden. Die spitzen Hörner auf den Buchenblättern werden von Buchengallmücken hervorgerufen und sollen den Nachwuchs der Mücken schützen. Jeder Parasit löst eine ganz eigene »Wuchsform« der Gallen aus, so sehen Rosengallen wie haarige Püschel aus, während Eichengallen kugelig sind.

»Was sind denn das für komische Hörner auf den Blättern?«, fragt Tom, als wir an einer Buche vorbeikommen, und zeigt auf ein Blatt. Die anderen Kinder der Gruppe umringen ihn neugierig. Als sie alle versuchen, es anzufassen, zieht Tom den Zweig mit dem Blatt nah an sich heran, damit seine Entdeckung nicht kaputtgeht.

»Was glaubt ihr denn?«, frage ich und lasse die kleine Gruppe ein wenig rätseln. Die Vermutungen reichen von »Früchten« über »Dinger, die da jemand draufgeklebt hat« bis hin zu »einer komischen Krankheit«. Die »Dinger« sind sogenannte Gallen. Ich zeige den Kindern im Anschluss die ganz anders aussehende Galle an einer Wildrose, die sie ebenfalls neugierig betrachten.

Pflanzengallen gibt es in vielen verschiedenen Formen und Farben, besonders häufig findet man kugelige Gallen an Eichenblättern und spitze Gallen an Buchenblättern. Sehr speziell sehen die Gallen an Wildrosensträuchern aus: Etwa fünf Zentimeter im Durchmesser hängen die grünlichen, etwas haarig wirkenden »Puschel« an den bestachelten Rosenstängeln. Diese Puschel färben sich im Laufe des Herbstes rötlich und springen einem als Fremdkörper an der Pflanze deutlich ins Auge.

Eine ganze Rosengalle und eine aufgeschnittene mit Kammern und Larven

Doch was sind das nun für Gebilde, und wie kommen sie zustande?

Gallen sind Wucherungen bei Pflanzen, die von anderen Organismen wie Insekten, Milben, Pilzen und Bakterien, aber auch von Viren ausgelöst werden können. Die besagten haarigen Kugeln an manchen Wildrosen werden dabei als Rosengallen, Rosenäpfel oder Schlafäpfel bezeichnet. Verursacht werden Rosengallen durch einen nur drei bis fünf Millimeter großen Parasiten, die Rosengallwespe.

Was sind Parasiten?

Parasiten sind Organismen, die an oder in einem anderen Lebewesen, dem sogenannten Wirt, leben und sich von diesem ernähren oder ihn anderweitig nutzen. Einen ziemlich häufigen Parasiten, der gar nicht so ungefährlich ist, weil er Krankheiten übertragen kann, kennt ihr sicherlich: die Zecke, die sich von Blut ernährt. Auch Flöhe, Stechmücken oder die im Körper lebenden Bandwürmer gehören zu dieser Gruppe. Bei den Pflanzen gibt es ebenfalls einige Parasiten: So sitzt beispielsweise die Mistel – ein buschiges Etwas, erkennbar an seinen weißen Beeren – auf Bäumen und entzieht diesen Wasser und Nährsalze. Viele Parasiten sind für den Wirt relativ harmlos, manche können aber auch gefährlich sein.

Die parasitisch lebenden Gallwespen sind mit Ameisen, Bienen und den Wespen, die im Sommer gerne auf dem Marmeladenbrot sitzen, verwandt. Sie sehen den »normalen« Wespen von der Gestalt her ähnlich, sind aber viel kleiner und auch nicht so gelb, sondern schwarz und orange. Gallwespen haben keinen Stachel zum Stechen, sondern einen Legebohrer, mit dem sie ihre Eier wie mit einer Spritze in die Pflanzen geben

können. Übrigens ist das die ursprüngliche Verwendungs-
form: Wespen und Bienen hatten »früher« auch einmal Legebohrer und haben diese im Laufe der Evolution in einen Wehr-
stachel umgebildet, mit dem sie sich verteidigen.

Eine Rosengallwespe bei der Eiablage

Im Frühjahr fliegen die Gallwespenweibchen Rosen an und
bohren ihren Legestachel in sich gerade öffnende Blattknos-
pen, um 20 bis 30 Eier abzulegen. Man weiß immer noch nicht

genau, wie die Gallenbildung eigentlich funktioniert, auf jeden Fall spielt eine gemeinsam mit den Eiern eingebrachte Flüssigkeit eine wichtige Rolle.

Das Spannende ist: Die Galle entsteht aus pflanzlichem Gewebe, wird also von der Pflanze selbst gebildet. In kleinen Kammern in ihrem Inneren sind die Eier gut vor schlechtem oder zu heißem Wetter geschützt. Zudem sollen die Gallen als Versteck vor Feinden dienen, doch das klappt nicht immer. Es gibt nämlich andere wespenverwandte Insekten wie beispielsweise die Rosenschlupfwespen, die es auf den Parasiten abgesehen haben. Das sind dann also Parasiten von Parasiten! Diese nennt man auch Parasitoide, und sie kommen in der Natur relativ häufig vor.

Die Weibchen der Rosenschlupfwespen spüren die mit Rosengallwespeneiern gefüllten Gallen auf und spritzen ihre eigenen Eier in die Kammern, woraufhin rasch Schlupfwespenlarven schlüpfen. Und die fressen die praktisch vor ihnen liegenden Eier und Larven der Gallwespe.

Hat die junge Rosengallwespe jedoch Glück und wird nicht von Parasitoiden heimgesucht, schlüpft sie im Laufe der nächsten Wochen aus dem Ei und frisst sich an dem weiterwachsenden Pflanzengewebe satt. Während des nahenden Winters kann sie in ihrem neuen Heim ganz gemütlich Winterruhe halten, um sich dann im nächsten Frühling zu verpuppen, zu schlüpfen, sich durch die Gallwand zu fressen und sich selbst wiederum auf die Suche nach Rosen zu machen.

Für die Buchen, Eichen und Wildrosen ist das Treiben der Gallwespen übrigens gar nicht so schlimm. Eine gesunde Pflanze kommt – wenn es sich nicht um einen übermäßig starken Befall handelt – mit diesen Parasiten klar, einer ohnehin kranken und schwachen Pflanze können sie allerdings den letzten Rest geben.

»Aber das ist ja gemein!«, ruft Maja empört in meine Ausführungen hinein. »Die Kinder wollen in den Gallen in Ruhe wachsen, und dann werden sie einfach von den anderen gefressen!« Gerade möchte ich zu einer Erklärung ansetzen, da gibt Cem eine Antwort, die ich nicht besser hätte formulieren können: »Aber die Kinder vom ... – wie hieß der Parasit vom Parasiten noch mal? – haben ja auch Hunger und wollen was essen.«

»Ganz genau!«, pflichte ich ihm bei. »Die Schlupfwespenkinder können nur die Eier und Larven der Gallwespen fressen, etwas anderes können sie gar nicht verdauen. Wenn sie die nicht zu fressen bekommen, müssen sie verhungern. Und die Parasitoiden – so heißen die Parasiten von Parasiten – finden ja längst nicht alle Gallwespen, das heißt, ganz viele schaffen es später auch zu schlüpfen. In der Natur wird vieles ganz praktisch geregelt – wenn es die Schlupfwespen nicht gäbe, würde es viel zu viele Gallwespen geben, das wäre dann für die Rosen wiederum schlecht. Und wenn es den Rosen schlecht geht, dann geht es ja auch den Gallwespen schlecht.«

Doch all die Theorie kann niemals so beeindrucken wie die Praxis, also sage ich: »Macht die Galle doch mal auf und schaut, wie es darin aussieht.« Die Kinder sehen mich erstaunt an. »Wirklich?« Cem, der die Rosengalle in der Hand hält, versucht, sie auseinanderzubrechen. Sie ist extrem hart, und er schafft es nicht, sie zu öffnen. Die Galle wird weitergegeben, und die anderen versuchen sich abwechselnd daran, so als würde derjenige, dem es gelingt, zum neuen König ausgerufen. Schließlich kapitulieren sie, und ich schneide die Galle mit meinem

Messer vorsichtig in zwei Hälften. »Boah« und »wow« erklingt es ehrfürchtig. Und tatsächlich: Man kann im Inneren kleine Kammern erkennen, in denen sich kleine weiße Larven bewegen: die Larven der Rosengallwespe.

Experiment mit Gallen

Schneidet man eine Galle auf, findet man darin mit hoher Wahrscheinlichkeit eine kleine Insektenlarve. Doch noch viel spannender ist es, eine solche selbst auszubrüten!

Was wir brauchen
- Gurkenglas oder Marmeladenglas
- Schnur oder Gummi
- Taschentuch oder Küchentuch

Anleitung
1. Pflücke im Spätherbst oder Winter mehrere Blätter mit Gallen oder Rosengallen und lass sie einen Tag im Zimmer trocknen.
2. Nun lege sie in ein Glas, das du mit einem Tuch sowie Schnur oder Gummi fest abdeckst. Das Glas mit einem Deckel zu verschließen, ist keine gute Idee, da noch etwas Luft rankommen soll.
3. Stelle das Glas lichtgeschützt in einen Schrank.
4. Ab Februar kannst du regelmäßig schauen, ob bereits jemand geschlüpft ist!
5. Die Insekten nach dem Beobachten unbedingt draußen in der Natur freilassen.

Schaden Efeu und Misteln
den Bäumen?

▶▶ KURZANTWORT: Der Efeu nutzt die Bäume nur als Kletter-
hilfe. Sehr alte und schwache Bäume können möglicherweise das Zusatzgewicht nicht tragen, ein gesunder Baum
hat damit jedoch kein Problem. Vielmehr freuen sich Tiere
wie Insekten und Vögel über den Schutz und die Nahrung,
die Efeu bieten kann. Misteln zapfen die Bäume hingegen an,
um ihnen Wasser, Mineralien und möglicherweise Zucker zu
entziehen. Auch sie sind für gesunde Bäume kein Problem,
kranke oder durch Trockenheit gestresste Bäume können
durch die Misteln aber zusätzlich geschwächt werden.

Ob Efeu und Misteln den Bäumen schaden, ist tatsächlich eine
Frage, die ich nicht nur von Kindern gestellt bekomme, sondern auf Baum- und Wildkräuterführungen auch regelmäßig von Erwachsenen. Während Kinder meist einfach neugierig sind und wissen wollen, was Sache ist, fragen sich viele
Erwachsene, ob man den »befallenen« Bäumen auf dem eigenen
Grundstück helfen und die »Parasiten« entfernen sollte.

Beginnen wir mal mit dem Efeu. Der Gemeine Efeu ist in
unseren Wäldern eine weit verbreitete Pflanzenart und in jungen Jahren eine echte Liane – die gibt es nämlich nicht nur in

den Tropen, sondern auch bei uns. Efeu kann im Gegensatz zu vielen anderen Pflanzenarten zu Beginn keinen eigenen Stängel bilden, der ihn nach oben in Richtung Licht bringen würde. Seine Strategie ist das Klettern. Also bildet er Haftwurzeln und klettert an Bäumen, Felsen oder Hauswänden empor.

Nach einiger Zeit erreicht der Efeu seine Altersform, dann hört er mit dem jugendlichen Geklettere auf und wächst als Strauch selbstständig weiter. Efeu ist sowohl an Hauswänden als auch in Wäldern eine ökologisch sehr wertvolle Pflanze und bei vielen Tieren beliebt: Einige Insekten und Vögel ernähren sich nicht nur von den Blüten und Früchten, Efeu bietet zusätzlich auch ganz hervorragende Unterschlupfmöglichkeiten.

Und was macht der Efeu mit dem Baum? Efeu ist kein richtiger Parasit, denn er entzieht dem Baum keinerlei Nährstoffe oder Wasser. Er benutzt ihn lediglich als Stütze. Ein gesunder großer Baum hat mit dem Efeu gar keine Probleme, das haben Wissenschaftler und Wissenschaftlerinnen immer wieder bestätigt. Lediglich manche Obstbäume oder kleinen Sträucher können von ihm so stark überwuchert werden, dass sie selbst nicht mehr genug Licht zum Überleben erhalten. Dann gehen sie ein. In Zeiten des Klimawandels und extremer Hitze kann zusätzlicher Schatten für die Bäume aber vielleicht sogar hilfreich sein.

Bei der als Zauber- und Heilpflanze bekannten Mistel liegt der Fall anders. Angeblich haben sich schon die Germanen vor 2000 Jahren gefragt: »Wie kommen die Misteln da oben in die Bäume? Haben die Götter sie hochgeworfen?« Besonders im Winter sieht man diese kugelförmigen Gewächse in den kahlen Kronen vieler Bäume, häufig in Pappeln.

Die kugelförmigen Misteln lassen sich besonders gut im Winter entdecken.

Misteln sind sogenannte Halbschmarotzer, was bedeutet, dass sie dem Wirt (in diesem Fall dem Baum) etwas »stehlen«, aber nebenbei auch selbst etwas für sich produzieren. Die Mistel dringt im Gegensatz zum Efeu mit Saugwurzeln in die Leitungsbahnen des Baumes ein und entzieht ihm Wasser und Nährsalze. Ob sie dem Baum auch Zucker stiehlt, wird gerade von einigen Forscherinnen und Forschern untersucht. Da die Mistel grüne Blätter hat, kann sie durch Fotosynthese in jedem Fall ihre eigene Energie gewinnen.

Ein gesunder Baum kommt mit Misteln gut klar. Leider ist es so, dass es heutzutage vielen Bäumen wegen des menschengemachten Klimawandels nicht besonders gut geht und sie dauerhaft unter Stress stehen. Und wer viel Stress hat, hat keine guten Abwehrkräfte. Vermehren sich die Misteln dann besonders stark und sitzen zu Hunderten in einem geschwäch-

ten Baum, können sie ihm den »letzten Rest« geben. Gerade
vielen Obstbäumen macht dies zurzeit zu schaffen, zum Teil
gehen sie an diesen Halbparasiten zugrunde.

Streuobstwiesen

Bis ins 19. Jahrhundert hinein hat man in weiten Teilen Mittel-
europas Obstwiesen angelegt. Dafür pflanzte man Apfel-, Bir-
nen-, Kirsch- und Pflaumenbäume in recht großen Abständen
voneinander (daher auch der Name »Streuobstwiese«, da die
Bäume verstreut stehen). Zwischen den Bäumen ist Grünland,
das heißt Wiesen, die entweder gemäht oder von Weidevieh
abgefressen werden.

Auf Streuobstwiesen findet man viele verschiedene Tier-
und Pflanzenarten, weshalb sie ökologisch sehr wertvoll sind.
Zum einen wird dort auf den Einsatz von Unkraut- und Insek-
tenvernichtungsmitteln verzichtet. Zum anderen bieten her-
untergefallene Früchte und die artenreiche Wiese viel Nahrung für Insekten. Diese wiederum sind Nahrung für Vögel und
Säugetiere. Alte, knorrige Obstbäume können vielen Tieren
einen Unterschlupf bieten, mit viel Glück kann man auf Streuobstwiesen Siebenschläfer, Wendehals oder Steinkauz beobachten. Es ist relativ aufwendig, Streuobstwiesen zu pflegen,
und da Obst heutzutage spottbillig in den Supermärkten zu
haben ist, lohnen sich Streuobstwiesen aus wirtschaftlicher
Sicht nicht mehr. Wenn es heute noch welche gibt, dann, weil
jemand sie mag oder wichtig findet oder weil sie aus ökologischen Gründen finanziert werden. Viele Streuobstwiesen ver-
schwanden auch, weil Wohnraum benötigt wurde oder Stra-

ßen gebaut wurden. Heutzutage findet man diese wichtigen Naturschätze bei uns hauptsächlich in Süddeutschland und in Teilen Brandenburgs.

Und wie kommen die Misteln nun in die Bäume? Misteln bilden nach ein paar Jahren Blüten. Werden diese von Insekten und vom Wind bestäubt, entwickeln sich daraus kugelige, klebrige Früchte. Diese werden von einigen Vögeln gefressen. Und wenn sich die Vögel nach dem Verdauen auf einen anderen Ast setzen und sich »erleichtern«, hinterlassen sie dort einen Klecks mit den Mistelsamen, woraus sich dann eine neue Mistel entwickeln kann.

Vielen Bäumen geht es also nicht wegen des Efeus oder der Misteln schlecht. Ihnen geht es schlecht, weil das Klima verrücktspielt, und dafür ist vor allem der Mensch verantwortlich. Wenn dann Parasiten und Halbschmarotzer wie Misteln überhandnehmen und die geschwächten Bäume besetzen, können diese im schlimmsten Fall absterben.

Welche Giftpflanzen gibt es bei uns?

▶▶ KURZANTWORT: Pflanzen haben unterschiedliche Strategien entwickelt, um sich gegen Fressfeinde und Krankheitserreger zu wehren, und dazu gehören auch Giftstoffe. Ob eine Pflanze für ein Lebewesen giftig ist, hängt von der Art und der Dosis des konsumierten Giftes ab, wobei einige Pflanzen für manche Arten ungefährlich, für andere jedoch tödlich sein können. Auch bei uns gibt es einige giftige Arten wie die Eibe, das Pfaffenhütchen oder die Wolfsmilchgewächse. Die wichtigste Regel von allen ist: Niemals Pflanzen essen, die man nicht kennt.

Nach einer Kräuterwanderung für Familien setzen wir uns noch einmal in das von der Sonne aufgewärmte Gras und gehen durch, welche Pflanzen den Kindern und Erwachsenen am besten gefallen haben. Wie so oft sind die nach Pilzen schmeckenden Blütenstände des Spitzwegerichs ganz vorne mit dabei. Ein Kind meint: »Ich fand die Giftpflanzen am coolsten heute. Und dass die schönen Blumen immer giftig waren.« Die Gruppe muss lachen, und tatsächlich, unter den vorgestellten Arten gab es einige mit schönen Blüten: Darunter waren die giftigen Arten Fingerhut und Schwertlilie. Doch leider lässt sich daraus keine Regel ableiten, zumal es ja auch unterschiedliche Geschmäcker gibt, was Schönheit betrifft. Aber welche Giftpflanzen gibt es eigentlich sonst noch bei uns? Und warum gibt es sie überhaupt?

Auf unserer Erde leben Millionen von Arten, und alle möchten leben und sich vermehren. Viele Tiere ernähren sich von pflanzlicher Nahrung, müssen also Pflanzenteile fressen, um zu überleben. Daher hat die Evolution im Laufe der Zeit verschiedene Strategien hervorgebracht, wie sich Pflanzen gegen das »Gefressenwerden« zur Wehr setzen können. Einige haben spitze Dornen oder Stacheln entwickelt, manche sind von einer dicken Rinde geschützt, und wieder andere bilden Stoffe, die vielen Tieren nicht gut schmecken oder sogar schädlich für sie sind. Viele Giftstoffe dienen also der Verteidigung, manchmal sind sie aber auch einfach nur ein Produkt des Stoffwechsels und entstehen zufällig »nebenbei«.

Wenn wir von »Giftpflanzen« sprechen, meinen wir damit meist, dass sie für uns Menschen schädlich sind. Denn es gibt Pflanzen, die wir überhaupt nicht vertragen, andere Tiere können sie aber ohne Schaden fressen. So kann ein Mensch bereits nach dem Essen einer Handvoll Eibennadeln sterben, während Rehe die Nadelblätter der Eibe gern fressen und sie gut vertragen. Andersherum gilt das genauso: Avocados sind für uns Menschen gesund und lecker, für Hunde kann der Verzehr mehrerer Früchte dagegen tödlich enden.

Vor knapp 500 Jahren hat der Schweizer Arzt und Naturgelehrte Paracelsus eine Regel aufgestellt, die bis heute Gültigkeit besitzt und etwas vereinfacht ausgedrückt lautet: »Die Dosis macht das Gift.« Was heißt, dass Giftstoffe erst ab einer bestimmten Menge giftig für uns sind. So kommt es nicht zu einer Vergiftung, wenn man eine Holunderbeere isst, bei einer ganzen Handvoll jedoch schon (erst das Kochen macht sie genießbar). Es bedeutet außerdem, dass Stoffe, die wir zunächst einmal nicht als giftig ansehen würden, in extrem hohen Mengen auch giftig wirken können. Vitamin C zum Beispiel kann in der richtigen Dosierung positive Auswirkungen auf den Körper haben, bei einer sehr hohen Dosis aber sogar tödlich wirken.

Doch wie können wir erkennen, ob eine Pflanze giftig ist? Viele Tiere sind in der Lage, zu »erriechen«, ob eine Pflanze essbar ist oder nicht. Auch unsere Vorfahren konnten das vor Millionen von Jahren wahrscheinlich noch, die Geruchswahrnehmung des modernen Menschen hingegen ist schlecht trainiert – wir können Giftpflanzen daher leider nicht mehr mit der Nase erkennen. Wir müssen die Pflanzen kennen, um zu wissen, ob sie essbar sind oder nicht. Die allerwichtigste Regel, um sich vor Vergiftungen zu schützen, lautet daher: Niemals Pflanzen oder Früchte essen, die man nicht sicher kennt.

Zwar gibt es keine besonderen, von außen sichtbaren Merkmale, an denen man eine Giftpflanze sofort erkennen könnte, ein paar Faustregeln gibt es aber schon:

• Anfänger sollten Pflanzen mit vielen kleinen weißen Blüten meiden. Einige Vertreter der Doldenblütler, die häufig kleine weiße Blüten haben, sind sehr giftig und schwer von essbaren Arten zu unterscheiden.

• Obwohl es Ausnahmen wie den Windenknöterich und den Hopfen gibt, sind viele kletternde Pflanzen giftig. Einige Giftpflanzen nutzen andere Pflanzen, um sich in Richtung Sonne emporzuschlängeln, wie zum Beispiel Ackerwinde, Zaunwinde, Zaunrübe, Waldrebe, Efeu und Bittersüßer Nachtschatten.

- Pflanzen mit gelbem, rotem oder weißem Milchsaft sind häufig giftig. Vor allem darf dieser Saft nicht in die Augen gelangen!

Dabei gibt es ein paar starke Giftpflanzen, die vor allem für Kinder gefährlich werden können, weil sie entweder interessant aussehen, gut riechen oder sogar gut schmecken. Wenn man einen eigenen Garten hat, sollte man am besten wissen, welche Arten dort vorkommen, und sich über deren Giftigkeit informieren. Extrem giftige Arten wie Eisenhut, Fingerhut und Goldregen würde ich persönlich gar nicht erst im Garten anpflanzen, wenn dort auch Kleinkinder unterwegs sind. Größeren Kindern kann man durchaus beibringen, von welchen Pflanzen sie die Finger lassen müssen. Im Folgenden habe ich ein paar giftige Arten zusammengetragen, die häufig in Gärten, Parks oder im urbanen Raum vorkommen und die auf Kinder möglicherweise attraktiv wirken können. Das ist selbstverständlich nur eine kleine Auswahl.

Gewöhnliche Eibe (Taxus baccata)
In freier Natur kommt die Eibe kaum noch vor und steht unter Schutz. Im städtischen Umfeld hingegen findet man sie regelmäßig als Hecke oder kleinen Baum auf Friedhöfen oder in Parks. Sie hat dunkelgrüne, weiche Nadeln, die in zwei Reihen angeordnet sind. Die Pflanze hat einen rötlich-braunen Stamm und produziert kleine tonnenförmige »Früchte«, die rot und fleischig sind und aus denen unten bei voller Reife ein Samen herauslugt. Die Eibe ist für viele Tiere und Menschen sehr giftig, insbesondere ihr Samen sowie Blätter und Rinde. Die einzige Ausnahme ist der fleischige rote Samenman-

tel, der den Samen umhüllt. Das Problem: Das rote »Fruchtfleisch« schmeckt sehr süß, Kinder könnten Gefallen daran finden. Man sollte sie die »Früchte« deshalb besser gar nicht erst essen lassen. Eine Vergiftung kann zu Herzproblemen, Atemnot, Verdauungsstörungen und Schlimmerem führen.

Maiglöckchen (Convallaria majalis)

Auch das Maiglöckchen findet man im Frühjahr häufig in Parks, Gärten und sogar entlang von Straßen. Die Blätter ähneln auf den ersten Blick denen des Bärlauchs – sie sind breit und hellgrün und bilden einen grünen Teppich, aus dem im Frühling, meist im Mai, die zarten, duftenden weißen Blüten hervorstechen. Diese Blüten sind glockenförmig und hängen in Trauben an einem langen Stiel, was der Pflanze ihren Namen gegeben hat. Fast alle Teile der Pflanze, einschließlich Blüten, Blättern und roten Beeren, die im Spätsommer erscheinen, sind giftig für Menschen und Haustiere. Die Vergiftungssymptome ähneln denen der Eibe.

Gewöhnliches Pfaffenhütchen (Euonymus europaeus)

Das Pfaffenhütchen findet man an Wald- und Ackerrändern oder als Zierstrauch in Gärten und Parks. Die pinkfarbenen Früchte kann man ab September bewundern, mit der Zeit öffnen sie sich und geben orangefarbene Samen frei. Insbesondere die Samen und Rinde enthalten giftige Glykoside, die beim Verzehr zu ernsten gesundheitlichen Problemen führen können, einschließlich Übelkeit, Erbrechen und Krämpfen.

Seine Blätter sind leicht mit Bärlauch zu verwechseln: das Maiglöckchen.

Wolfsmilchgewächse und Schöllkraut

Wolfsmilchgewächse und das zu den Mohngewächsen gehörende Schöllkraut sind sowohl in freier Natur als auch im städtischen Umfeld zu finden. Sie alle haben einen auffälligen Pflanzensaft – bei den Wolfsmilchgewächsen ist er weiß, beim Schöllkraut gelblich-orange. Der Saft ist giftig und kann Hautreizungen, Übelkeit und Erbrechen auslösen. Besonders schädlich ist er, wenn er in Kontakt mit den Augen kommt. Daher nach dem Anfassen des Saftes unbedingt die Hände waschen!

Weitere Pflanzen, die beim Verzehr mittel bis stark giftig wirken können, sind:

- **Tomate, Kartoffel, Paprika, Chili:** Die Blätter und alle grünen Pflanzenbestandteile dieser Nutzpflanzen sind stark giftig und dürfen keinesfalls gegessen werden. Grüne Stellen an Kartoffeln soll man daher immer herausschneiden.

• **Oleander** *(Nerium oleander):* Alle Teile des Oleanders sind giftig und können Übelkeit, Erbrechen, Durchfall, unregelmäßigen Herzschlag und Schlimmeres auslösen.

• **Engelstrompete** *(Brugmansia):* Alle Teile dieser schönen Pflanze können Halluzinationen, Übelkeit und unregelmäßigen Herzschlag verursachen.

• **Goldregen** *(Laburnum):* Die Samen des Goldregens sind besonders giftig und können Erbrechen, Durchfall, Krämpfe und in schweren Fällen sogar Bewusstlosigkeit verursachen.

• **Stechapfel** *(Datura stramonium):* Diese aus Mittelamerika stammende Pflanze wirkt halluzinogen und kann Vergiftungen auslösen.

• **Eisenhut** *(Aconitum):* Diese Pflanzengattung gehört zu den giftigsten in Mitteleuropa. Die Folge des Verzehrs von Pflanzenteilen sind Herzversagen und Atemstillstand. Der Giftstoff kann auch schon über die Haut aufgenommen werden, die Pflanze sollte also vor allem von Kindern nicht angefasst werden.

• **Schwarzes Bilsenkraut** *(Hyoscyamus niger):* Die Samen und Blätter des Bilsenkrauts können Halluzinationen, Fieber und einen schnellen Herzschlag verursachen.

• **Herbstzeitlose** *(Colchicum autumnale):* Die Blüten dieser stark giftigen Pflanze können mit denen von Krokussen verwechselt werden, die Blätter zu Beginn mit Bärlauch. Die Herbstzeitlose ist extrem giftig.

• **Fingerhut** *(Digitalis):* Diese Pflanze kann Herzrhythmusstörungen, Übelkeit, Erbrechen und Halluzinationen verursachen.

- **Kirschlorbeer** (*Prunus laurocerasus*): Die Blätter und Samen dieser Pflanze enthalten Cyanide, die bei Verzehr zu schweren Vergiftungssymptomen führen können. Für die roten Früchte könnten sich Kinder interessieren.

Folgende Schritte können bei einer (vermuteten) Vergiftung durch Pflanzen helfen:

- **Ruhe bewahren:** Panik kann die Situation noch verschlimmern, denn wenn man in Panik gerät, überträgt sich das möglicherweise auf die betroffene Person. Das wiederum kann zu einer Verschlechterung des Gesundheitszustandes führen. Am besten einmal kurz durchatmen und den Puls etwas herunterbringen.
- **Erste Hilfe leisten:** Pflanzenreste mit Seife von der Haut abwaschen. Wenn giftige Teile in die Augen gelangt sind, diese vorsichtig mit Wasser oder besser noch mit Kochsalzlösung (zum Beispiel Kombilösung für Kontaktlinsen oder Augentropfen) ausspülen, keinesfalls mit den Händen oder mit Gegenständen entfernen. Wenn Teile gegessen wurden, den Mund gründlich ausspülen. Zunächst kein Erbrechen auslösen.
- **Bei Vergiftungssymptomen Notruf absetzen:** Wenn Vergiftungssymptome auftreten wie Erbrechen, Durchfall, Bauchschmerzen, Atembeschwerden, Verwirrtheit, Ohnmacht, Schwindel, Fieber oder Probleme mit dem Herz-Kreislauf-System – sofort die 112 wählen und einen Notruf absetzen.
- **Giftnotruf kontaktieren:** Bei einer vermuteten Vergiftung und/oder wenn eine giftige Pflanze verzehrt wurde, aber keine Vergiftungssymptome auftreten, kann man zu-

nächst den Giftnotruf kontaktieren. In Deutschland gibt es verschiedene Giftnotrufzentralen, die je nach Bundesland zuständig sind – es muss nicht zwingend eine Zentrale in direkter Nähe sein. Dem Personal kurz und knapp die Situation schildern und auf Anweisungen warten.

- **Pflanze identifizieren**: Wenn möglich, Pflanzenteile mitnehmen und/oder fotografieren. Wenn man die Pflanze sogar mit einer App selbst bestimmt, ist es umso besser, dann kann man die Infos weitergeben.

Bevor die Kinder bei unseren Führungen sich übrigens etwas in den Mund stecken und probieren dürfen, geben wir Gruppenleiter und -leiterinnen das Gesammelte in jedem Fall erst frei. In den allermeisten Fällen befolgen die Kinder diese wichtige Regel nicht nur, sondern ihnen macht es sichtlich Spaß, Pflanzen zu entdecken, über die wir bis dahin noch nicht gesprochen haben. Und wenn sie damit die Botanikkenntnisse ihrer erwachsenen Begleiter »prüfen« können, ist das auch eine willkommene Abwechslung – aus der Schule kennen die meisten es ja nur andersherum.

Haben Tiere und Pflanzen Gefühle?

▶▶ KURZANTWORT: Die meisten Lebewesen sind in der Lage, auf Reize aus ihrer Umgebung zu reagieren. Auch haben viele die Fähigkeit, zu »tasten« – sogar die winzigen Pantoffeltierchen erfühlen mit ihren Wimpern die Umgebung. Wenn wir mit »Fühlen« das Empfinden von inneren Bewegungen wie »Angst« oder »Traurigkeit« meinen, ist es hingegen sehr schwer zu sagen, ob andere Lebewesen das tun, denn wir können ja nicht in sie hineinsehen. Zumindest bei vielen Tieren beobachten wir Situationen, die nahelegen, dass sie Emotionen wie beispielsweise »Trauer« oder »Zuneigung« empfinden können.

Zum achten Geburtstag des Sohnes zweier Freunde von mir hatte ich eine Naturrallye in einem nahe gelegenen Buchenwald organisiert. Es war ein sehr schöner Frühlingstag, und die Geburtstagsgesellschaft war in bester Abenteuerstimmung. Beim Losrennen mit den anderen Kindern riss der etwas aufgedrehte Niklas den Zweig einer jungen Buche ab und galoppierte damit wedelnd davon. Entrüstet rief ihm Alina nach: »Ey! Das tut der Pflanze ja vielleicht weh! Die hat jetzt bestimmt Angst oder ist traurig!« Nachdem ich diesen kurzen Schlagabtausch mitbekommen hatte, nahm ich mir vor, die

Frage, ob Tiere und Pflanzen Gefühle haben, später in einer Pause anzusprechen.

Dabei handelt es sich allerdings um eine ziemlich komplizierte Sache, denn was ist überhaupt ein Gefühl? Sogar Wissenschaftlerinnen und Wissenschaftler, die sich hauptberuflich mit diesem Thema beschäftigen, sind sich nicht einig darüber, wie man ein Gefühl genau definiert. Und obwohl jeder und jede von uns Gefühle hat, ist es nicht immer einfach, darüber zu sprechen und zu diskutieren. Zum einen kann man ja körperlich etwas »fühlen«, zum Beispiel wenn man gekitzelt wird oder Schmerzen hat. Hat man allerdings gerade kein »Gefühl« im Arm, weil er eingeschlafen ist, dann fühlt man das Kitzeln auch nicht. Andererseits kann ein Gefühl auch eine Erfahrung »im Kopf« sein, wie Angst, Mitleid, Liebe oder Eifersucht. Diese Art von Gefühlen wird auch Emotion genannt. Nun ist es gar nicht so einfach, zwischen »Gefühl« und »Emotion« zu unterscheiden. Emotionen werden meist durch eine bestimmte Situation ausgelöst und dauern dann häufig nicht sehr lange an. Gefühle können länger andauern und werden nicht immer durch einen bestimmten Moment hervorgerufen. Emotionen könnte man also mit dem Wetter vergleichen – es kann morgens regnen und abends die Sonne scheinen. Gefühle wären dann eher wie Jahreszeiten, die ja viel länger andauern.

Wenn im Folgenden von »Gefühlen« gesprochen wird, sind damit immer innere Bewegungen wie »Angst«, »Ärger« und so weiter gemeint, die man bewusst wahrnimmt.

Tiere

Schon seit Tausenden von Jahren rätseln die Menschen darüber, ob Tiere auch so etwas wie Gefühle haben. Dass Tiere auf ihre Umwelt reagieren und sie »Reize« aufnehmen und weiterverarbeiten, wird niemand bestreiten. Selbst ganz einfach aufgebaute Tiere wie Schwämme reagieren auf Veränderungen der Wasserbewegungen. Sogar die winzigen einzelligen Pantoffeltierchen zucken bei Berührungen zusammen. Doch wie sieht es mit Gefühlen wie Angst oder Liebe aus? Hat eine Qualle Angst, wenn ihr ein Fisch zu nahe kommt? Empfindet eine Schnecke Freude, wenn sie ein besonders leckeres Blatt gefunden hat? Verspürt ein Schimpanse Liebe beim Halten des Neugeborenen?

Es gibt mehrere Schwierigkeiten bei der Beantwortung dieser Frage. Zum einen ist die Welt der Tiere so vielfältig, dass man nur selten etwas sagen kann, das auf alle Tiere zutrifft. Wir Menschen sind den Schimpansen zum Beispiel sehr ähnlich. Und schaut man sich die winzigen Embryos eines Schimpansen und eines Vogels kurz nach der Befruchtung an, so kann man diese kaum voneinander unterscheiden. Der grundlegende »Bauplan« von Schimpansen und Vögeln ist also gar nicht so verschieden, auch wenn Schimpansen natürlich keine Federn haben. Ein Vogel wiederum ähnelt einer Echse in vielen Punkten, dafür muss man sich nur mal die schuppigen Füße von Hühnern ansehen. Das ist ja auch kein Wunder, da die Vögel die Nachfahren der Dinosaurier sind, die mit den »Reptilien«, zu denen die Echsen gehören, nah verwandt waren. Vergleichen wir jetzt aber eine Echse mit einem Regenwurm oder einer Qualle, finden wir schon nicht mehr so viele Gemeinsamkeiten. Quallen sind ganz anders aufgebaut als Schimpansen, was höchstwahrscheinlich bedeutet, dass sie auch eine ganz andere Gefühlswelt haben.

Welche Gefühle verspüren Rehmutter und Kitz füreinander?

Und es gibt noch ein weiteres Problem: Woher sollen wir wissen, ob eine Qualle Angst oder Liebe empfindet? Bei einer Katze, die ihr Junges leckt, können wir uns vielleicht noch vorstellen, dass Liebe im Spiel ist. Bei einer Rosengallwespe, die ihre Eier in einen Hagebuttenstrauch legt und danach auf Nimmerwiedersehen verschwindet, dagegen weniger. Das liegt unter anderem daran, dass wir Menschen die Tiere mit uns selbst vergleichen, und wir empfinden es nun mal als herzlos, sich nicht um seine Nachkommen zu kümmern. Dass dies im Fall der Gallwespe gar nicht sinnvoll wäre, sehen wir dabei nicht.

In der Naturwissenschaft ist man sich heute ziemlich einig darüber, dass alle Tiere, die nicht ganz simpel aufgebaut sind, Gefühle verspüren. Mit sehr großer Sicherheit fühlen andere Säugetiere, möglicherweise auch andere Wirbeltiere wie Vögel, Reptilien und Fische so etwas wie Angst. Vielleicht sogar etwas Ähnliches wie Liebe, Wut, Verzweiflung oder Trauer. Es lassen sich jedenfalls viele Verhaltensweisen bei Tieren beobachten, denen entsprechende Gefühle zugrunde liegen könnten. So scheinen Elefanten, Wale und Affen nach dem Versterben eines Familienmitglieds »Trauer« zu zeigen, indem sie das verstorbene Tier auch Stunden oder Tage nach dem Tod noch berühren und sich zudem gänzlich anders verhalten als sonst. Inwieweit man dies mit der menschlichen Art zu trauern vergleichen kann, ist umstritten. Doch trauert ein Tier nur dann »so richtig«, wenn es das auf dieselbe Weise tut wie die Tierart Mensch?

Jedenfalls bedeuten diese Beobachtungen nicht, dass es alle uns bekannten Gefühle auch bei anderen Tieren gibt. Wer weiß, vielleicht sind manche Gefühle wie Eifersucht typisch menschlich? Hundebesitzer würden das wohl leugnen. Andererseits ist es natürlich auch möglich, dass Tiere Gefühle empfinden, die wir nicht kennen.

Pflanzen

Und wie sieht es bei den Pflanzen aus? Können sie ebenso wie Tiere fühlen und Schmerzen empfinden?

Pflanzen sind so wie alle Lebewesen dazu in der Lage, auf ihre Umgebung zu reagieren. Einige Pflanzen reagieren sogar auf

Berührungen: So kann die Venusfliegenfalle ihre Fangblätter
sehr schnell schließen, sobald sich ein Insekt draufgesetzt hat,
und manche Mimosen verschließen zügig ihre Blätter, nachdem man sie angefasst hat. Doch das ist nicht alles – mittlerweile weiß man, dass Pflanzen nicht nur Tag und Nacht unterscheiden können, sie wissen auch, wo oben und unten ist, und
können Verletzungen wahrnehmen, um darauf zu reagieren.

Manche Pflanzen warnen sich sogar untereinander vor
Fressfeinden. So hat man herausgefunden, dass Tomaten sich
gegenseitig alarmieren, wenn sie von Insekten angeknabbert
werden. Die Pflanzen tun das oft mit Hormonen, die sie an
die Luft abgeben und die dann von Artgenossen aufgenommen werden können. Seit Kurzem weiß man, dass Tomaten-
pflanzen sogar auf das Kauen von Raupen reagieren, indem
sie Ultraschallsignale abgeben, die von benachbarten Pflanzen
empfangen werden können. Die benachbarten Pflanzen verstärken dann ihre Abwehrmechanismen gegen die Schädlinge
und sind so besser vor einem Befall geschützt.

So spannend und überraschend das erst einmal sein mag,
so bedeutet dies noch lange nicht, dass Pflanzen Gefühle wie
Angst oder Liebe kennen. Zwar können Pflanzen, obwohl sie
keine Nervenzellen haben, auf andere Arten Informationen
weiterleiten, in der Wissenschaft sind sich jedoch die meisten
einig, dass für das Vorhandensein von Gefühlen, wie wir sie
kennen, ein Netz aus Nerven und eine Art Gehirn benötigt
wird, das Pflanzen nicht besitzen.

Ein solches zentrales Nervensystem kostet ein Lebewesen sehr viel Energie (unser Gehirn macht nur zwei Prozent
unserer Masse aus, verbraucht aber 20 Prozent der Energie!).
Außerdem ist so ein System sehr verwundbar – ein einfacher

Sturz auf den Kopf kann bei uns schon zu schweren Schädigungen führen. Diese negativen Seiten können sich die Pflanzen ersparen, da sie nicht wie wir komplizierte Muskelbewegungen steuern oder schnell auf die Umwelt reagieren müssen und so auch kein zentrales Nervensystem benötigen.

Einfach ausgedrückt könnte man sagen: Wir wissen, dass manche Pflanzen bestimmte Berührungen »fühlen« oder Verletzungen wahrnehmen. Wir wissen jedoch nicht, ob sie dabei so etwas wie Leid empfinden, wir wissen nicht, ob die Buche »traurig« ist oder es ihr »wehtut«, wenn ihr ein Zweig abgerissen wird. Es ist sehr unwahrscheinlich, dass Pflanzen Gefühle wie »Angst«, »Trauer« oder »Liebe« kennen, auch wenn wir uns da letztlich nicht sicher sein können.

Meiner Meinung nach sollten wir alle Lebewesen mit Respekt behandeln, egal ob Tier, Pflanze oder Pilz. Jedes Lebewesen hat eine Daseinsberechtigung, ist Teil des großen Netzes des Lebens, und ein absichtliches Verletzen muss einfach nicht sein. Natürlich müssen wir als Säugetiere andere Lebewesen essen, um selbst zu überleben. Das Abreißen von Zweigen bringt uns dagegen höchstens einen kurzen Spaß. Aber zum Glück gibt es tausend andere Dinge, die ebenso viel Spaß machen und die wir stattdessen tun können.

Frieren Enten, wenn sie im kalten Wasser schwimmen?

▸▸ KURZANTWORT: Auch Vögel müssen sich vor Wärmeverlust im Winter schützen, dabei helfen ihnen die sehr gut isolierenden Daunenfedern. An den Beinen haben sie keine Federn, hier sorgt ein ausgeklügeltes Blutgefäßsystem dafür, dass sie nicht zu stark auskühlen. Dennoch können Vögel auch frieren, vor allem, wenn sie unter Stress und Nahrungsmangel leiden oder die Temperaturen extrem fallen.

Seit einigen Jahren versuche ich jeden Winter, sooft wie möglich meinen inneren Schweinehund zu überwinden und eisbaden zu gehen. Wobei »eisbaden« etwas übertrieben ist, selten halte ich es länger als zwei Minuten im eiskalten Wasser aus. Als ich an einem Wintertag mit Freunden in die Schwärze, ein Flüsschen bei Eberswalde, stieg, wurden wir dabei von einem kleinen Jungen und seinem Vater beobachtet. Nach einem kurzen Untertauchen kam ich bibbernd, aber glücklich an Land, um mich abzutrocknen. Während wir mit dem eiskalten Wasser zu kämpfen hatten, schwamm ein Entenpaar ganz gemächlich an uns vorbei. Das hatte auch der Junge bemerkt, der zu seinem Vater sagte: »Schau mal, die Enten frieren nicht so wie die Leute!«

Nilgänse kommen ursprünglich aus Afrika und frieren in einem
moderaten Winter ebenso wenig wie die heimischen Arten.

Wäre es anders, und die Enten würden genauso wie wir Menschen im eiskalten Wasser frieren, dann würden sie dort sicher nur hineingehen, wenn es zwingend nötig wäre. Viele Wasservögel verbringen aber nicht nur ein paar Minuten im Wasser, sondern können es dort viele Stunden aushalten. Auch stehen Schwäne, Gänse oder Enten manchmal den ganzen Tag auf der Eisdecke eines zugefrorenen Sees. Stellt euch mal vor, wir würden dort barfuß stehen! Auch andere Vögel scheinen unempfindlich gegen Kälte zu sein, wenn man sich zum Beispiel im Schnee stehende Blaumeisen oder auf dem eisigen Acker umherwatschelnde Saatkrähen ansieht.

Um die Frage besser beantworten zu können, warum Enten im kalten Wasser nicht frieren, sollten wir uns einmal kurz anschauen, was »Frieren« überhaupt ist. Große Kälte kann für Lebewesen gefährlich, im allerschlimmsten Fall sogar tödlich sein. Beim Menschen zum Beispiel sind Zehen und Finger besonders anfällig für Erfrierungen; sind sie über längere Zeit extremer Kälte ausgesetzt, kann das Gewebe so stark geschädigt werden, dass es abstirbt.

Damit uns das nicht passiert, senden spezielle »Empfänger«, sogenannte Kälterezeptoren, ein Signal ans Gehirn, wenn es zu kalt wird. Wir empfinden es dann als kalt, und wenn die Temperatur im »Körperkern«, also im Inneren unseres Oberkörpers, unter einen bestimmten Punkt fällt, fangen wir an zu frieren, das heißt, wir spüren die Kälte als Unwohlsein und sorgen dafür, dass uns wieder warm wird.

Die meisten Lebewesen, die in kälteren Regionen vorkommen, haben Strategien entwickelt, wie sie sich so gut wie möglich gegen Kälte schützen können. So zieht sich eine Pflanze wie der Bärlauch im Winter in Form einer Zwiebel unter die Erde zurück, der Zitronenfalter hat eine Art Frostschutzmittel im Körper, und Moschusochsen können es durch ihr extrem dickes Fell in großer Kälte aushalten.

Wir Menschen kommen ursprünglich aus Afrika, also aus warmen Gebieten, und sind überhaupt nicht gut an Kälte angepasst. Allein unser Erfindungsreichtum und unsere Anpassungsfähigkeit haben es uns ermöglicht, in kalten Klimazonen zu überleben. Denkt nur einmal daran, was wir im Winter alles anziehen.

Und wie sieht es nun bei den Vögeln aus? Schließlich sind ihre Beine weder behaart noch befiedert. Wie kann es sein, dass sie trotzdem nicht frieren, wenn sie in eiskaltem Wasser schwimmen?

Die meisten Vögel haben in ihren Beinen keine oder nur sehr wenige der Kälterezeptoren, die dem Gehirn die Botschaft übermitteln:»Achtung, kalt!« Sie brauchen diese schlicht nicht.

Wir Menschen brauchen diese Rezeptoren dagegen unbedingt, denn wenn unser 37 Grad warmes Blut vom Herzen in kalte Beine fließt – weil wir uns vielleicht im Winter gerade draußen aufhalten oder in eisigem Wasser baden –, wird es dort abgekühlt. Aus den Beinen wird es zurück in unseren Körperkern gepumpt, wo es sich mit dem warmen Blut vermischt. Wenn wir nichts gegen die kalten Beine unternehmen, würde unser Körper ruckzuck auskühlen.

Bei den Enten und Gänsen ist das nicht so. Im Gegensatz zu uns haben sie in den Beinen ein ausgeklügeltes System aus Blutgefäßen, das dafür sorgt, dass das Blut in den Beinen auf dem Weg Richtung Füße gekühlt und auf dem Weg nach oben wieder erwärmt wird. Unten in den Beinen beträgt die Temperatur des Blutes gerade einmal zwei Grad. Wenn es danach zurück in Richtung Körpermitte fließt, wird es unterwegs in den Beinen durch die Nähe zu den warmen Blutbahnen wieder auf 40 Grad erwärmt, ganz wie in einem Wärmetauscher. So geht dem Körper keine Wärme verloren, und weil die Füße fast so kalt sind wie Schnee und Eis, frieren sie außerdem nicht fest.

»Obenrum« frieren Enten und Gänse übrigens erst bei extrem eisigen Temperaturen, denn sie werden von Daunenfedern mollig warm gehalten. Damit die Federn nicht nass werden und die Fähigkeit der Wärmedämmung verlieren, werden sie von ihren Besitzern sehr pfleglich behandelt und immer wieder mit einem speziellen Öl aus einer Drüse eingeschmiert.

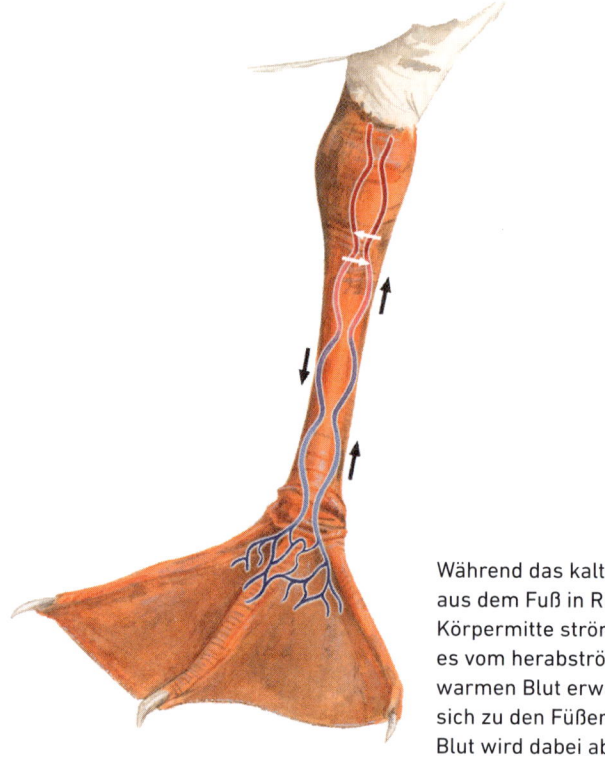

Während das kalte Blut aus dem Fuß in Richtung Körpermitte strömt, wird es vom herabströmenden warmen Blut erwärmt. Das sich zu den Füßen bewegende Blut wird dabei abgekühlt.

All das bedeutet natürlich nicht, dass es Vögeln nie kalt werden kann. Haben sie zu wenig Nahrung und können ihren Stoffwechsel nicht richtig »anfeuern« oder ist die Außentemperatur sehr niedrig und es weht ein schneidender Wind, können Vögel auch auskühlen. Wenn sie frieren, tun sie das, was auch wir in diesem Fall tun würden: Sie suchen sich irgendwo Schutz vor Wind und Kälte, zum Beispiel in einer Hecke. Bei uns wurden leider viele Hecken im letzten Jahrhundert zerstört, um mehr Platz für Äcker zu schaffen. Für viele Tiere, die sich in Hecken auch vor Fressfeinden verstecken, ist das ein echtes Problem.

Die Vögel haben noch eine andere Strategie gegen Kälte, die jeder und jede von uns kennt: Sie zittern. Durch das Zittern werden Muskeln in ganz schneller Abfolge angespannt und wieder entspannt, was dazu führt, dass Wärme entsteht. Vögel machen das meistens mit ihren stärksten Muskeln: mit den für das Fliegen zuständigen Brustmuskeln.

Experiment zur Kältewahrnehmung

In meinem Biologiestudium haben wir ein spannendes Experiment zur Wahrnehmung von Kälte gemacht, das sich auch gut zu Hause durchführen lässt. Kinder sollten es zusammen mit ihren Eltern machen.

Was wir brauchen
- Eine Schüssel mit kaltem Wasser, am besten mit Eiswürfeln
- Eine Schüssel mit heißem Wasser (so heiß, dass die Hände es im Wasser noch aushalten)
- Eine Schüssel mit lauwarmem Wasser (ungefähr Körpertemperatur, es soll sich also weder kalt noch warm anfühlen)

Anleitung
1. Fülle eine Schüssel mit kaltem Wasser und lege Eiswürfel hinein. Die zweite Schüssel füllst du mit sehr warmem Wasser, aber nicht zu heiß. Es darf nicht wehtun! Die dritte Schüssel befüllst du mit lauwarmem Wasser.

2. Nun lege eine Hand in die Schüssel mit sehr warmem und die andere in die Schüssel mit kaltem Wasser. Warte eine Minute ab.

3. Danach tauche beide Hände in die dritte Schüssel mit lauwarmem Wasser.

Was passiert dabei?

Die Hand, die zuvor in der Schüssel mit kaltem Wasser war, hat das Gefühl, dass das Wasser in der dritten Schüssel heiß ist. Für die andere Hand, die zuvor in der Schüssel mit dem sehr warmen Wasser war, fühlt sich das Wasser in der dritten Schüssel nun ziemlich kalt an. Welche Hand hat recht? Schließlich sind beide Hände ja in derselben Schale mit dem lauwarmen Wasser! Dieses Experiment zeigt gut, dass es nicht immer mit den tatsächlichen Begebenheiten zu tun hat, wie wir eine Temperatur wahrnehmen, sondern dass es von verschiedenen Dingen abhängt, wie zum Beispiel von den Wärme- und Kälterezeptoren in der Haut, aber auch von der Verarbeitung im Gehirn. Bei diesem Experiment haben sich unsere beiden Hände jeweils an die Wassertemperatur gewöhnt, und als wir sie in die dritte Schale mit der abweichenden Temperatur getaucht haben, kam es zu dieser unterschiedlichen Wahrnehmung.

Warum sind manche Seen so grün?

▶▶ KURZANTWORT: Die grüne Farbe mancher Seen wird häufig durch einzellige Algen oder Cyanobakterien ausgelöst, die Fotosynthese betreiben und das grüne Spektrum des Lichts reflektieren. Da Cyanobakterien Giftstoffe an das Wasser abgeben können, kann das Baden hier gefährlich sein. Generell gilt: Umso grüner (und »müffeliger«) ein Gewässer ist, desto mehr Nährstoffe kommen vor, wofür in den allermeisten Fällen der Mensch verantwortlich ist, indem zum Beispiel Nährstoffe aus der Landwirtschaft ins Wasser gelangen.

Vor einigen Jahren habe ich auf einem Wagenplatz im Wald in der Nähe von Eberswalde gewohnt. In dieser »Wagenburg« lebten auch zwei Kinder, die damals vier und sieben Jahre alt waren. Gerade der Ältere war ganz schön auf Zack und interessierte sich sehr für die Natur drum herum. Nur einen Steinwurf entfernt lag ein mittelgroßer Waldsee, umringt von Kiefern, Buchen und Erlen. Zum Teil lagen Bäume im Wasser, da der örtliche Biber hier ziemlich aktiv war. In den warmen Monaten gingen wir mehrmals täglich in dem See baden, doch so schön es auch war, gegen Ende des Sommers wurde dem Badevergnügen ein jähes Ende gesetzt: Das Wasser änderte sich von relativ klar zu Dunkelgrün, und es begann muffig zu riechen. »Woher kommt denn die grüne Farbe im See?«, fragte mich der Siebenjährige daraufhin.

Um diese Frage beantworten zu können, sollten wir zunächst einmal klären, wie Seen überhaupt entstehen und woher sie ihr Wasser haben. Bei uns in Deutschland gibt es über 15 000 Seen, und das umfasst natürliche und künstlich geschaffene Gewässer. Als See wird, im Unterschied zum kleineren Weiher, ein großes, stehendes Gewässer bezeichnet. »Stehendes Gewässer« bedeutet, dass es nicht wie ein Bach oder Fluss die ganze Zeit oder aber nur geringfügig fließt. Damit ein See entstehen kann, ist erst einmal ein Loch in der Erde nötig. So ein Loch kann von Menschen gegraben oder gebaggert werden, zum Beispiel weil man – wie bei einem Baggersee – Kies abbaut. Wenn es in den Jahren danach regnet, kann sich das Loch nach und nach mit Wasser füllen. Wurde tief gebaggert, kann außerdem Grundwasser einfließen. Manchmal stauen Menschen auch Seen auf, zum Beispiel um dort Strom zu gewinnen, in diesem Fall spricht man von einem Stausee. Doch wie kommen die Löcher auf natürliche Weise zustande?

Die Erde existiert schon seit etwa 4,5 Milliarden Jahren und hat sich immer wieder stark verändert. Der europäische Kontinent, so wie wir ihn in seiner Form heute kennen, existiert seit ungefähr 50 Millionen Jahren. Seitdem gab es viele Erdbeben, die unter anderem Löcher in die Erde gerissen haben. Oder aber unterirdische Höhlen sind eingestürzt, wodurch sich an der Oberfläche ein Krater gebildet hat. Auch kam es bei uns früher immer mal wieder zu Vulkanausbrüchen. Ist die heiße Lava dabei auf kaltes Wasser im Inneren der Erde getroffen und dieses ist schlagartig verdampft, so kam es zu einer riesigen

Explosion, bei der ebenfalls ein großer Krater entstand. Apropos Krater: Eine weitere Möglichkeit, wie ein großes Loch im Boden entstehen kann, ist der Einschlag von Meteoriten. Im Weltall schwirren kleine und große Gesteinsbrocken umher; wenn sie groß genug sind, verglühen sie nicht in der Atmosphäre, sondern treffen ab und zu auch mal die Erde. Und dann entsteht ein großes Loch. Gefüllt haben sich die Löcher entweder mit Regenwasser oder, wenn sie tief genug waren, mit Grundwasser. Oder beidem!

Zu guter Letzt haben die letzten Kaltzeiten in der Erdgeschichte (die wir meist nicht ganz korrekt als »Eiszeit« bezeichnen) unsere Landschaft stark geformt. Von Skandinavien her hat sich ein riesiger Eispanzer, ein Gletscher, über Deutschland geschoben. Auch von den Alpen aus bewegten sich Gletscher nach Süddeutschland. Diese haben riesige Gesteinsbrocken vor sich hergeschoben und nach ihrem Rückzug Täler und Löcher hinterlassen. Nachdem die Eisblöcke geschmolzen waren, haben sich die Löcher mit Wasser gefüllt. So sind viele Seen in Nord- und Ostdeutschland und im Alpenvorland entstanden.

Eiszeit

Der Begriff »Eiszeit« wird sehr unterschiedlich verwendet, sogar Wissenschaftler sind sich bei diesem Begriff nicht ganz einig. Wie bereits erwähnt, gibt es den Planeten Erde seit knapp 4,5 Milliarden Jahren, und er hat sich im Verlauf der Erdgeschichte stets verändert. Die Erde dreht sich wie die anderen Planeten unseres Sonnensystems um die Sonne. Dabei gab es immer mal Phasen, in denen die Erde der Sonne näher war, und andere, da war die Entfernung größer. Das vor allem – sowie weitere Effekte auf unserem Planeten – hat dazu geführt, dass es lange kältere und lange wärmere Perioden gab. Waren beide Pole (also Nordpol und Südpol) während dieses Zeitraums dauerhaft frei von Eis, so spricht man von einem **Warmklima**.

War die Erde für längere Zeit etwas weiter weg von der Sonne und war zumindest einer unserer beiden Pole vereist, spricht man von einer **Eiszeit** oder einem **Eiszeitalter**. Aber Moment mal, sind heutzutage nicht beide Pole vereist? Das stimmt, und es bedeutet, dass wir uns gerade in einem Eiszeitalter befinden. Und das übrigens schon seit 34 Millionen Jahren. Innerhalb einer Eiszeit kann es auch immer mal wärmere Abschnitte geben, so etwas nennt man dann **Interglazial** oder auch **Warmzeit**. Und in so einer Warmzeit befinden wir uns seit etwa 12 000 Jahren. Die kälteren Abschnitte innerhalb eines Eiszeitalters nennt man hingegen **Kaltzeit**.

Eozän   **Pleisto**

56 Millionen Jahre   23 Mio.   2,5 Mio.

Kaltzeiten (blau) wurden in den letzten 2,5 Mio. Jahren immer wieder durch kürzere Warmzeiten abgelöst. Heute befinden wir uns in einer Warmperiode, die auch durch menschliche Aktivitäten beeinflusst wird.

Nun wissen wir also, wie Seen bei uns entstehen und woher sie ihr Wasser haben. Doch wieso sind manche Seen grün und andere klar?

Wenn wir uns die Farbe eines Sees anschauen, müssen wir zwei Dinge unterscheiden: die Farbe und die Trübung. Das können wir uns einmal am Beispiel von Apfelsaft anschauen: Der naturtrübe Apfelsaft ist, wie der Name schon sagt, trüb. Das bedeutet, dass kleine Schwebepartikel die Sicht so versperren, dass wir durch ein Glas mit Saft nicht oder kaum hindurchsehen können. Seine Farbe ist je nach Apfelsorten grünlich-gelblich oder orange-bräunlich. Beim klaren Apfelsaft wurde der Saft zuvor gefiltert, und die Schwebeteilchen wurden entfernt. Durch ein Glas mit klarem Saft kann man hindurchschauen, und die Farbe ist eher goldgelb.

Es gibt Seen, die sind klar – man kann durch das Wasser also gut hindurchschauen und manchmal viele Meter bis auf

stein- rmzeit	Saale- Riß- Kaltzeit	Eem- Warmzeit	Weichsel- Würm- Kaltzeit	Holozän

0 Tausend Jahre   126 T.   12 T.   heute

den Grund sehen. Wenn man weiter weg steht, haben diese Seen aber möglicherweise interessante Farben. So sind manche Seen in den Bergen weiß-bläulich, was unter anderem an dem Kalkgehalt des Wassers liegt. Neben dem Kalk gibt es noch viele andere Stoffe, die im Wasser vorhanden sein können, jedoch in so »feiner« Form, dass sie das Wasser nicht trüb machen, sondern es nur färben. Warum dann manche Seen weiß-blau, dunkelblau, gelblich oder bräunlich wirken, hat physikalische Gründe und mit der Brechung des Lichts zu tun.

Sind die Seen grün und noch dazu trüb, hat das meist noch einen anderen Grund. Füllt man etwas trübes Seewasser in ein Glas, erkennt man ähnlich wie beim trüben Apfelsaft Schwebstoffe. Ein See steckt ja in der Regel voller Leben. Nicht nur, dass es hier Fische, Frösche und Wasserpflanzen gibt, es schwimmen auch winzig kleine Lebewesen im Wasser. So tummeln sich dort Algen, Geißeltiere, Minikrebse, Cyanobakterien und vieles mehr, was man zum Teil mit bloßem Auge gar nicht erkennen kann. Am besten schaut man sich diese Kleinstlebewesen unter einem Mikroskop an. Doch nicht nur lebende Organismen können wir dort finden; auch deren Überbleibsel, wenn sie abgestorben sind, ihre »Leichen« also, sowie etliche Ausscheidungen schweben eine Zeit lang im Wasser, bevor sie wiederum von anderen Organismen aufgenommen und verdaut werden. Es ist ein heilloses Durcheinander!

Ein Großteil der Trübung wird in unseren Seen durch Algen verursacht. Algen gibt es in unzähligen Variationen von manchmal meterlangen Meeresalgen, von denen manche für Sushirollen verwendet werden, bis zu winzig kleinen Algen, die nur aus einer einzigen Zelle bestehen. Und gerade diese Minialgen kommen in den Seen besonders oft vor.

Die Algen betreiben Fotosynthese, genau wie die nicht mit ihnen verwandten Cyanobakterien, die fälschlicherweise manchmal als »Blaualgen« bezeichnet werden. Doch um gut wachsen und sich vermehren zu können, brauchen sie neben Wasser und Sonne auch Nährstoffe. Bei uns in Deutschland werden große Flächen landwirtschaftlich intensiv genutzt, was unter anderem bedeutet, dass auf den Feldern sehr viel (leider oft viel zu viel) gedüngt wird.

Die Nährstoffe aus dem Dünger bleiben nicht nur im Boden und in den angebauten Pflanzen, sondern werden durch Regen ausgewaschen und gelangen in unsere Gewässer. Also auch in die umliegenden Seen, wo sich dann Algen und Cyanobakterien sehr stark vermehren können. Das ist übrigens nicht nur eklig, wenn so eine Algenschicht auf dem Badesee schwimmt, sondern kann sogar gefährlich werden. Manche Cyanobakterien produzieren nämlich sehr starke Giftstoffe, die sie nach ihrem Tod ins Wasser abgeben. Das Wasser kann hierbei grünlich, aber auch rötlich aussehen, und in einem so gefärbten Gewässer sollte man weder schwimmen gehen noch die Füße reinhalten, da es zu Hautausschlägen kommen kann. Das giftige Wasser zu verschlucken oder zu trinken, kann im schlimmsten Fall tödlich enden, daher auch Vorsicht mit Hunden!

Warum sind nun aber so viele Bergseen klar? In den Bergen gibt es viel weniger Felder als im Tiefland, daher gerät weniger Dünger in die Gewässer. Außerdem spielt auch die Temperatur eine Rolle: Je wärmer das Wasser im Durchschnitt ist, desto besser können sich Algen vermehren. Viele Bergseen sind durch die höhere Lage und durch das Schmelzwasser der Gletscher kälter als Seen im Tiefland. Ein weiterer Grund: Wasser fließt von oben nach unten, »oben« in den Bergen beginnt die Reise des Wassers, und das mit zunächst wenig Nährstoffen. Auf dem Weg zum Meer sammeln sich immer mehr Nährstoffe an.

Doch die Landwirtschaft ist nicht immer alleine verantwortlich dafür, dass viele Seen zu viele Nährstoffe im Wasser haben. Ganz am Anfang habe ich ja von dem schönen See mitten im Wald erzählt. Dieser wird im Sommer regelmäßig von einer »Algenblüte« heimgesucht und ist sehr nährstoffreich. Dabei gibt es in der Umgebung weder Landwirtschaft, noch fließt ein Fluss in ihn hinein.

Nach längerer Recherche habe ich herausgefunden, was zu der »Algenblüte« geführt hat. Zum einen wird aus dem See Wasser abgepumpt, um eine Versuchsfläche zu wässern, auf der kleine Bäumchen gepflanzt werden. Je weniger Wasser jedoch im See vorhanden ist, desto schneller kann er sich erwärmen, und die Algen können noch besser wachsen.

Wenn – wonach es ganz aussieht – der Klimawandel immer heftigere Züge annimmt, muss man davon ausgehen, dass der Wasserstand vieler Gewässer bei uns stetig abnehmen wird. Das wiederum könnte bedeuten, dass wir in Zukunft in immer weniger Gewässern problemlos baden gehen können. Auch wärmen sich die Gewässer durch die höheren Temperaturen stärker auf – und das wiederum gefällt den Algen und Cyanobakterien.

In einem Naturschutzbericht über diesen Waldsee findet sich noch ein zweiter Grund für den erhöhten Nährstoffgehalt im See, und zwar Fische. Genauer gesagt Spiegelkarpfen. Diese werden gerne von Anglern in Gewässer gesetzt. Damit die Karpfen groß und fett werden, kippen manche der Ang-

ler eimerweise Fischfutter in die Seen – auch das erhöht den
Nährstoffgehalt und kann negative Folgen für den See und das
Wasser haben.

Im Fall unseres Waldsees gab es noch eine weitere Auswir-
kung der Fische: Der Boden am Grund des Sees ist reich an
Phosphor, einem wichtigen Nährstoff für Pflanzen. Die ein-
gesetzten Karpfen wühlen auf ihrer Suche nach Nahrung den
Boden auf und verteilen so auch den Phosphor im Wasser. Wir
wissen, was passiert: Die Algen vermehren sich.

Doch nicht immer trägt der Mensch die Schuld, es gibt
auch Seen, die »natürlicherweise« nährstoffreich sind, die
auch ohne Zutun des Menschen so aussehen würden, wie
sie aussehen. Der Mensch hat allerdings mit seinen Aktivitäten dafür gesorgt, dass der Anteil dieser nährstoffreichen
Gewässer viel höher ist, als es in der Natur eigentlich der Fall
wäre.

Wer wissen möchte, wie es um die Wasserqualität eines
Sees bestellt ist – zum Beispiel, um zu schauen, ob er sich als
Badesee eignet, oder weil man sehen möchte, ob sich das Wasser verändert hat, seitdem neuerdings auf dem angrenzenden
Acker mehr gedüngt wird als vorher, aber auch, was passiert,
wenn weniger gedüngt wird –, hat verschiedene Möglichkeiten, das herauszufinden.

Ob viele Nährstoffe vorhanden sind, lässt sich, wie schon erwähnt, daran erkennen, ob es viele Algen im Wasser gibt, die
wiederum den See trüber machen. Je »trüber« das Wasser ist,
umso geringer ist die Sichttiefe und desto nährstoffreicher ist
das Wasser meistens. Das lässt sich relativ einfach mit elektro-
nischen Geräten und sogenannten »Secchi-Scheiben« messen,
auf die ich unten noch eingehe.

Ein anderer Hinweis kann ein unangenehmer Geruch sein, wenn das Wasser also stinkt, es faulig oder modrig riecht. Ökologinnen und Ökologen wissen außerdem, welche Pflanzen in und am Wasser wachsen, wenn viele Nährstoffe zur Verfügung stehen, weshalb sie manchmal schon vor den ersten Tests etwas über die Wasserqualität sagen können. Dasselbe gilt übrigens für Tiere: Kommen im Schlamm zum Beispiel viele Schlammröhrenwürmer vor, ist das Wasser nährstoffreich, findet man Eintagsfliegenlarven im Wasser, ist es eher sauber und nährstoffarm.

Wenn, wie wir nun gesehen haben, die Überdüngung von Gewässern nicht gut ist, was können wir tun, um die Wasserqualität zu verbessern? Am hilfreichsten wäre es, wenn weniger Nährstoffe in Flüsse und Seen gelangen würden. Das kann nur gelingen, wenn Dünger in der Landwirtschaft sparsamer eingesetzt wird und nur dort und nur dann, wenn ihn die Pflanzen wirklich brauchen.

Das ist leichter gesagt als getan, und viele Bauern und Bäuerinnen erhalten zu wenig Unterstützung, wenn sie es denn einmal anders machen wollen. In der ökologischen Landwirtschaft (die »Biolebensmittel« erzeugt) sind die Regeln in dieser Hinsicht strenger, und es gelangen weniger Nährstoffe in die Gewässer. Wer es sich also leisten kann, tut gut daran, mehr Produkte aus nachhaltigem Anbau zu kaufen.

Manchmal werfen Menschen Essen auch direkt in die Seen, etwa um Enten zu füttern. Das ist keine gute Idee. Zum einen vertragen Wasservögel das gut gemeinte Futter nicht immer gut, zum anderen gelangen so auch wieder viele Nährstoffe ins Wasser, da ja nicht alle Krümel und Brocken gefressen werden. Am besten also kein Brot oder andere Essensreste in den See streuen.

Experiment am See

Wir können die Wasserqualität eines Sees auch ohne spezielle Instrumente abschätzen, indem wir die Sichttiefe ermitteln. Dieses Experiment sollten Kinder immer mit einem Erwachsenen zusammen durchführen. Belastungen von Gewässern mit Chemikalien wie etwa Pflanzenschutzmitteln oder Giften, die bei Industrieproduktionen entstehen, sind allerdings nicht immer zu sehen oder zu riechen. Auch wenn die Wasserqualität vielleicht gut wirkt, sollte man – außer aus sicheren Wasserquellen – kein Wasser direkt aus der Natur trinken.

Was wir brauchen
- Ein Glas (Gurkenglas, Marmeladenglas)
- Zwei bis drei Meter Schnur
- Ein Messband/Metermaß
- Einen Nagel oder ein Messer
- Ein Stück weiße Pappe oder etwas anderes mit weißer Oberfläche, eine bemalte CD zum Beispiel
- Etwas zum Beschweren, zum Beispiel eine schwere Schraube

Anleitung
1. Schöpfe mit einem Marmeladenglas Wasser aus einem See. Im Glas kannst du das Seewasser dann genauer betrachten: Sieht das Wasser klar aus, oder ist es trüb? Schweben darin größere oder kleinere Teilchen?
2. Um die Sichttiefe eines Gewässers zu beurteilen, benötigt man eine Messscheibe. Dafür kannst du ein Stück weiße

Pappe oder eine Scheibe aus Kunststoff benutzen, eine alte CD zum Beispiel, die man auf einer Seite mit weißem Lack bemalt oder besprüht. Kunststoff eignet sich besser, weil er sich nicht mit Wasser vollsaugt. Die Pappe muss man mit einem Nagel oder einem Messer durchstechen, eine CD hat praktischerweise schon ein Loch. Schneide ein zwei bis drei Meter langes Stück Schnur ab und befestige an einem Ende der Schnur die schwere Schraube oder einen geeigneten Stein. Fädele die Schnur von unten durch das Loch der Scheibe und mache oberhalb der Scheibe einen Knoten, damit das Gewicht unterhalb der Scheibe fest in der Mitte sitzt. So kann die Scheibe absinken.

3. Suche eine schattige Stelle des Sees auf. Nun kannst du dich auf einen Steg oder einen umgefallenen Baum setzen oder dich am Ufer des Sees hinknien, oder du gehst im Sommer mit der Scheibe direkt ins Wasser. Das Ganze funktioniert natürlich auch von einem Boot aus. Dann lasse die Scheibe so lange herabsinken, bis man sie gerade nicht mehr sehen kann.

4. Halte die Schnur nun genau an der Stelle an der Wasseroberfläche fest. Ziehe sie aus dem Wasser und mache an dieser Stelle einen Knoten in die Schnur.

5. An Land kannst du mit dem Maßband die Distanz zwischen Knoten und Scheibe messen, das ergibt die Sichttiefe. Eine andere Methode ist es, mit wasserfestem Stift ein Maßband auf der Schnur anzubringen, mit Strichen für alle zehn Zentimeter.

Was lässt sich an der Sichttiefe ablesen?
Anhand der Sichttiefe kannst du sehen, wie trüb der See ist. Das alleine reicht zwar nicht, um die Wasserqualität zu beurteilen, es gibt aber einen wichtigen Hinweis auf die Lebensbedingungen im Wasser.

Das bedeutet die zwischen Knoten und Scheibe gemessene Distanz:

- Mehr als zwei Meter: Der See hat eine relativ hohe Sichttiefe und ist nicht allzu stark nährstoffreich.
- Mehr als ein Meter: Der See ist ziemlich nährstoffreich mit vielen Algen und Bakterien.
- Weniger als ein Meter: Der See ist extrem nährstoffreich und beheimatet sehr viele Algen und Bakterien, vor allem im oberen Bereich. Es gelangt kaum Licht in tiefere Bereiche.

Grundsätzlich gilt, dass nährstoffärmere Gewässer mehr Tier- und Pflanzenarten beherbergen als nährstoffreichere Gewässer.

Warum hämmert der Specht?

▶▶ KURZANTWORT: Spechte »hämmern« oder »trommeln« aus verschiedenen Gründen. Zum einen hacken sie mit ihrem stabilen meißelartigen Schnabel äußere Schichten von Ästen und Stämmen ab, um an Insektenlarven zu kommen. Zum anderen sind sie wahre Baumeister und zimmern sich Wohnhöhlen in die Stämme alter Bäume. Außerdem dient das Hämmern der Kommunikation – die Spechte markieren damit akustisch ihr Territorium. Im Laufe der Evolution hat sich der Spechtkörper perfekt an diese »hämmernde« Lebensweise angepasst.

Trrrrrrrrrrr. Trrrrrrrrr. Trrrrrrrrr. Das schnelle Trommeln im Volkspark Jungfernheide bringt acht Hälse dazu, sich nach oben zu recken. »Ein Specht!«, ruft Lien begeistert, und die anderen Kinder stimmen ihm zu. Auch wenn das Wissen über Tiere und Pflanzen bei den Kindern in der Stadt leider immer mehr abnimmt, diese Vogelgruppe kennen viele. »Warum macht der Specht das?«, frage ich in die Runde. »Was denn?«, kommt es zurück. »Na, das Hämmern, das Trommeln.« Ausnahmsweise Schweigen. Dazu fällt keinem der Kinder etwas ein.

Tatsächlich hat der Specht für sein Hämmern gleich mehrere Gründe.

Spechte sind faszinierende Vögel, und sie erfüllen sehr wichtige Aufgaben in unseren Ökosystemen – das sind, vereinfacht gesagt, die Lebensgemeinschaften verschiedener Arten von Pflanzen, Pilzen, Tieren und Mikroorganismen in bestimmten Lebensräumen. So können Spechte unter anderem verhindern, dass sich manche Insekten massenhaft ausbreiten. Außerdem schaffen sie als Baumhöhlen-Baumeister neue Wohnstätten für viele verschiedene Tierarten.

Bei uns in Deutschland leben zehn der weltweit vorkommenden 200 Spechtarten, wobei der Buntspecht mit Abstand der häufigste ist. Diesen schwarz-weiß-rot gefiederten Vogel können wir ebenso häufig an einem Baum im Garten wie mitten im Wald entdecken. Der Buntspecht ist ungefähr so groß wie eine Amsel, und seinen typischen, in etwa wie »Kick« klingenden Ruf erkennt man mit etwas Übung schnell.

Daneben gibt es noch weitere Arten, die dem Buntspecht sehr ähnlich sehen, und man muss sich eine Weile mit den Tieren beschäftigen, um sie sicher unterscheiden zu können. So sehen für den Laien Blutspecht, Weißrückenspecht, Mittelspecht und Kleinspecht mehr oder weniger wie ein Buntspecht aus. Sie sind aber viel seltener, und die Chance, dass wir es mit einem Buntspecht zu tun haben, ist groß.

Während das Rot im Gefieder der eben genannten Arten ziemlich auffällig ist, kommt der Dreizehenspecht komplett ohne Rot aus. Stattdessen trägt er gelbe Farbtupfen am Kopf. Und was ihn auch noch unterscheidet, sagt sein Name: Im Gegensatz zu den anderen Spechten, die vier Zehen haben, von denen drei nach vorne gerichtet sind und eine nach hinten, hat der Dreizehenspecht keine Hinterzehe.

Außer den eben beschriebenen »kleinen« Spechten kom-

men bei uns drei große Spechtarten vor, die mitunter die
Größe einer Krähe erreichen können. Der häufigste ist wohl
der Grünspecht, der ebenso wie der ähnlich aussehende Grauspecht ein sogenannter »Erdspecht« ist. Sie werden so genannt,
da ihre bevorzugte Nahrung häufig am Boden zu finden ist: Sie
lieben nämlich Ameisen. Tagsüber sieht man den Grünspecht
daher häufig im Gras herumhüpfen und mit kurzen Kopfbe-
wegungen die Erde aufbrechen. Hat er bei seinen Hackarbeiten
ein Ameisennest gefunden, kommt die bis zu zehn Zentimeter lange Zunge zum Einsatz, mit deren Hilfe er die Köstlich-
keiten einsammelt.

Auch am Ruf kann man ihn gut erkennen, es klingt nämlich, als würde er gerade jemanden auslachen. Der ähnlich
aussehende Grauspecht kommt bei uns deutlich seltener vor.
Ein dritter großer Specht, der gelegentlich bei uns in den Wäldern anzutreffen ist, ist der Schwarzspecht. Oft hört man eher
einen seiner Rufe, die wie ein lang gezogenes »Jöööööööööö«
klingen, als dass man ihn sieht. Erkennen können wir den
Schwarzspecht an seinem tiefschwarzen Gefieder und dem
leuchtend roten Fleck auf dem Kopf, so als trüge er eine rote
Kappe.

Specht Nummer zehn fällt etwas aus der Reihe, er sieht
den anderen Arten auf den ersten Blick überhaupt nicht ähnlich und verhält sich auch etwas anders: Gemeint ist der Wendehals. Diesen kleinen bräunlichen Vogel sieht man mit viel
Glück auf einer Lichtung oder einer Streuobstwiese. Weder
trommelt er, noch baut er Höhlen, er ist also ein echter Außen-
seiter unter den Spechten. Am liebsten frisst er Ameisen und
Insekten am Boden und bewegt sich dort hüpfend vorwärts.
Wendehals heißt er, weil er seinen Kopf ruckartig hin und her

wirft, um eine schnelle Übersicht zu erlangen, und weil er seinen Hals fast schlangenartig verdrehen kann. Manchmal werden auch Menschen so genannt, die ihre Meinung ebenso beweglich über Bord werfen und sich anderen anpassen. Der Wendehals ist übrigens unser einziger Specht, der im Winter bis nach Afrika zieht.

Einige Spechte naschen von Knospen, Samen und Früchten. Ab und zu kommt es auch vor, dass Spechte Eier oder Jungvögel fressen, um ihren Proteinbedarf zu decken. Hauptsächlich ernähren sie sich jedoch von Insekten, die ja ebenfalls Eiweiß liefern. Um an diese Leckerbissen zu kommen, haben sich die meisten Spechte auf Bäume spezialisiert. Unter der Rinde und im morschen Holz wimmelt es von Käfern, Ameisen und anderen Insekten samt ihren Eiern und Larven.

Da haben wir also schon den ersten Grund für das Trommeln einiger Spechte: die Nahrungssuche. Durch die ruckartigen Bewegungen des Kopfes wirkt der Schnabel wie ein Meißel. Und mit dem kann der Vogel Teile der Rinde ablösen und Löcher ins Holz hacken, um Insekten zutage zu fördern. Außerdem kann ein Specht am Klang erkennen, ob sich unter der äußeren Holzschicht ein Hohlraum befindet, in dem sich möglicherweise Insekten verstecken. Für das Herausholen der Beute ist die Zunge perfekt geformt, sie ist ziemlich lang, platt, klebrig verhornt und hat am Ende Widerhaken. Wunderbar geeignet also, um Insekten aus ihrem Versteck herauszulöffeln.

Der zweite Grund für das spechttypische Hämmern ist die Anlage von sogenannten Baumhöhlen, in die Spechte ihre Eier legen. Eine Baumhöhle ist viel Arbeit. Mitunter müssen sie sich durch viele Zentimeter steinhartes Holz hacken. Doch Spechte sind nicht dumm und wählen, sofern möglich, Bäume mit bereits faulen Stellen aus. Denn dort ist das Holz viel weicher, da es bereits von Pilzen zersetzt wird. Um herauszufinden, welche Stellen sich besonders gut für das Anlegen einer Höhle eignen, hämmert der Specht gegen den Baum. Am Klang kann er sehr gut erkennen, an welchen Stellen wenig oder viel Arbeit auf ihn wartet. Hat er eine gute Stelle gefunden, beginnt er damit, mit bis zu 20 Schlägen pro Sekunde auf den Baum einzuhämmern.

Die Dauer der Bauarbeiten hängt zum einen von der Härte und vom Zustand des Holzes ab – je weicher, desto schneller geht es –, zum anderen hat es etwas mit der Spechtart und sogar dem »Typ« zu tun – manche Tiere sind sehr fix mit ihrer Wohnstätte fertig, andere arbeiten etwas gemächlicher. Meistens, aber nicht immer, bauen die Männchen die Höhle. Ein Buntspecht zum Beispiel benötigt im Schnitt 20 Tage, um eine Höhle zu zimmern.

Als wahrer Baumeister legt der Specht sogar eine Tropfkante an und schrägt das Holz am unteren Ende des Lochs ab, damit der Regen nicht in die Höhle läuft. Dabei wird die Höhle nicht nur im Frühjahr für den Nachwuchs gebraucht, sondern sie kann auch als Übernachtungsplatz oder bei ungemütlichem Wetter genutzt werden.

Nicht nur die Spechte selbst haben übrigens etwas von ihren Baukünsten: Es gibt eine Menge Tiere, die selbst keine Baue anlegen können und sich über eine verlassene Spechthöhle sehr freuen. Manchmal bilden sich sogar artübergreifende Wohngemeinschaften: So kann es vorkommen, dass am Boden der Höhle eine Hohltaube brütet und an der Decke Fledermäuse hängen.

Kommen wir nun zum dritten Grund für die Trommelei.

Viele Vögel kennen und erkennen wir aufgrund ihres Gesangs. Das tun sie nicht etwa, um uns Menschen zu gefallen, sondern um Partnerinnen anzulocken und ihre Reviere abzustecken, also um den Konkurrenten zu zeigen: »Achtung, hier bin ich! Du kannst direkt weiterfliegen und dir ein eigenes Revier suchen.«

Einige Spechte haben auch einen Gesang und mehrere Rufe parat, so klingen Grünspechte, wie gesagt, ein wenig, als würden sie lachen, ganz ähnlich auch Schwarzspechte im Flug. Doch die allermeisten Spechtarten sind keine Gesangskünstler, sondern vertrauen auch bei der Kommunikation auf das, was sie am besten können: Trommeln! So hat jede Art einen typischen Trommelwirbel – der eine schnell und kurz, der andere lang und weniger maschinengewehrartig. Auf diese Weise teilen sie anderen Spechten entweder mit: »Komm her, nette Partnerin«, oder auch: »Bleib bloß weg, du!«

Eine Frage haben wir noch nicht geklärt, nämlich wie in aller Welt Spechte es aushalten, so oft und ausdauernd mit ihrem Kopf gegen einen harten Baum zu hämmern – mit einer Geschwindigkeit von 25 Stundenkilometern. Kriegen sie davon gar keine Kopfschmerzen?

Auch hier ist die Natur wieder sehr einfallsreich. Der Körper der Spechte ist auf diese Tätigkeit hervorragend vorbereitet. Nicht nur sind die Halsmuskeln stark und gut trainiert und ist der obere Teil der Wirbelsäule aus kräftigen Wirbeln gebaut, auch gibt es im Schädel nur sehr wenig Hirnflüssigkeit. Das Gehirn sitzt also relativ passgenau im Schädel und kann nicht so stark hin und her geworfen werden. Und weil das Gehirn überdies klein und leicht ist, bewegt es sich nicht mit großer Wucht.

Buntspecht und Spechtschädel: Vor allem die geringe Größe des Gehirns verhindert, dass es beim Trommeln Schaden nimmt.

Bei unserem schweren Gehirn sieht das ganz anders aus, wir bekämen schnell eine Gehirnerschütterung. Zudem ist die Vorderseite des Spechtgehirns größer und bietet einen gewissen »Puffer«. Bisher wurde ja angenommen, dass Spechte einen besonderen Stoßdämpfer im Kopf haben, aber neueren Studien zufolge ist das nicht der Fall, die oben beschriebenen »Tricks« der Natur reichen aus, damit der Specht keine Kopfschmerzen kriegt.

Was auch noch praktisch ist: Der Schnabel der Spechte ist besonders hart, sodass er trotz der vielen Tausend Schläge nicht verletzt wird. Schließlich ist er das wichtigste Werkzeug des Spechtes – ohne ihn gibt es weder Nahrung noch Wohnung.

Welches sind die gefährlichsten Tiere in unserem Land?

▶▶ KURZANTWORT: Es ist schwer zu sagen, welches Tier das gefährlichste ist, man müsste sich erst einmal einigen, was mit »gefährlich« genau gemeint ist. Wie auch in den meisten anderen Regionen der Welt geht bei uns die größte Gefahr vom Menschen selbst aus, und Tiere wie Schlangen und Wölfe kommen in der Einstufung der gefährlichsten Tiere nicht mal unter die Top Ten. Es ist viel wahrscheinlicher, dass uns ein Hund, eine Zecke oder ein Wildschwein Schaden zufügt.

Als ich ein Kind war, glaubte ich über ein paar Monate hinweg, dass Füchse gefährliche Raubtiere seien, die auch uns Menschen bedrohen. Damals hatte ich noch keine Ahnung von Krankheiten wie Tollwut oder den Erregern des Fuchsbandwurms – beides kann uns gefährlich werden –, ich dachte vielmehr, dass Füchse uns Menschen einfach so angreifen und beißen, eben weil sie wilde Raubtiere seien. Das ist aber natürlich völliger Unsinn.

Schaut man sich einmal an, welches tatsächlich die gefährlichsten Tiere in Deutschland sind, so kommt dabei manch Unerwartetes heraus: So stellen sich Tiere, an die man zuerst vielleicht nicht einmal denkt, womöglich als gefährlich heraus, während andere, die man für gefährlich gehalten hätte, sich doch eher als harmlos erweisen.

Für mich als Biologen sind wir Menschen auch Tiere, und eigentlich müsste man den Menschen an die oberste Stelle setzen, wenn es um die gefährlichsten Tiere geht. Denn die meisten Menschen werden hierzulande durch andere Menschen verletzt oder getötet, ob aus Versehen im Verkehr oder absichtlich durch Gewalt. Gleichzeitig retten Menschen aber auch viele Leben und heilen sich gegenseitig, es ist also überaus kompliziert, uns in diese Überlegungen mit einzubeziehen.

Alles in allem kann man sagen, dass Deutschland ein ziemlich harmloses Land ist, was die Gefahren in der Natur betrifft. Ganz anders sieht das im mittelamerikanischen Costa Rica aus, wo ich am Ende meines Biologiestudiums mitten im Regenwald meine Abschlussarbeit geschrieben habe. Dort ist es undenkbar, sich einfach mal für eine halbe Stunde auf den Boden zu setzen, da es dort einige giftige Schlangen, Spinnen, Skorpione, Hundertfüßer und riesige Ameisen gibt. Bevor man sich in Costa Rica an einen Baum lehnt, schaut man erst einmal genau hin: Hängt im Geäst vielleicht eine Schlange?

Über so etwas muss man sich in Deutschland keine Gedanken machen. Jedenfalls heutzutage. Denn noch vor 40 000 Jahren lebten bei uns Säbelzahnkatzen mit mächtigen Eckzähnen, Höhlenlöwen und Wollnashörner, vor denen sich die Menschen durchaus in Acht nehmen mussten. Trotzdem gibt es auch hier und heute ein paar Tiere, die Gefahren mit sich bringen können.

Wer an gefährliche Tiere denkt, hat vielleicht zunächst ein

Bild von einem Bären, einer Giftschlange oder einem Skorpion im Kopf. Die größte Gefahr geht bei uns allerdings von anderen Tieren aus. Es mag vielleicht etwas komisch klingen, aber die allermeisten Wildtiere, auch die auf uns gefährlich wirkenden Raubtiere, haben Angst oder zumindest großen Respekt vor Menschen.

Uns Menschen gibt es ja schon seit vielen Hunderttausend Jahren, und unsere Vorfahren waren sehr gute Jäger, die auch gefährliche und sehr große Tiere wie die heute ausgestorbenen Mammute gejagt haben. Diese Information, dass Menschen gefährlich sind, haben viele Tiere sozusagen abgespeichert. Und auch wenn es immer wieder mal einzelne Wildtiere gibt, die keine Angst vor Menschen haben, ist das doch die große Ausnahme. Meistens kommt es auch nur dann zu einer Attacke, wenn sich Menschen falsch verhalten und sich zum Beispiel in die Nähe des Nachwuchses begeben, wenn Tiere verletzt und wütend sind oder Menschen Hunde dabeihaben, die die Tiere reizen.

Im Gegensatz zu anderen Ländern leben bei uns aber sowieso kaum noch größere Raubtiere. Braunbären zum Beispiel gibt es seit 1835 in Deutschland nicht mehr, auch wenn ab und zu einer aus dem Alpenraum in Süddeutschland einwandert. Das größte und mit bis zu 300 Kilogramm schwerste heimische Raubtier ist heute übrigens die Kegelrobbe, die große »Schwester« des Seehundes, die unter anderem an den Küsten von Nord- und Ostsee lebt.

An großen Landraubtieren gibt es bei uns neben dem Luchs nur noch den Wolf, und auch der ist sehr selten – ich bin so viel und oft in der Natur unterwegs, trotzdem habe ich erst einmal einen Wolf gesehen. Und völlig sicher, dass es einer war, bin ich mir nicht, da die Entfernung sehr groß war; es könnte auch ein Hund gewesen sein. Vor Wölfen braucht man normalerweise keine Angst zu haben, es ist eher ein Glücksfall, wenn man einen sehen sollte. In Deutschland sind Wölfe geschützt, lediglich Tiere, die keine Angst vor Menschen zu haben scheinen, werden in der Regel von Jägern geschossen.

Was giftige Tiere angeht, haben wir in Mitteleuropa ganz schön Glück – hier gibt es nämlich kaum welche, die uns gefährlich werden können. In vielen wärmeren Regionen der Welt lebt dagegen eine beachtliche Anzahl an sehr giftigen Schlangen, Insekten, Spinnen, Tausendfüßern, Quallen und sogar Fischen.

In Mitteleuropa gibt es zwar auch einige Gift tragende Tiere, tödlich verlaufen die Stiche und Bisse giftiger Tiere bei uns jedoch eigentlich nur, wenn eine Allergie oder eine Vorerkrankung vorliegt. So ist der Biss unserer giftigsten Schlange, der Kreuzotter, für einen gesunden Erwachsenen zwar sehr unangenehm, er führt aber in der Regel nicht zum Tod. Außerdem ist diese Schlange durch den Lebensraumverlust so selten geworden, dass es extrem unwahrscheinlich ist, einer zu begegnen. Auch bei den Spinnen haben wir es in Deutschland mit sehr harmlosen Vertretern zu tun – so kann lediglich der Ammen-Dornfinger unsere Haut mit seinen Giftklauen durchdringen, sein Biss ist aber gewöhnlich nicht gefährlicher als ein Bienen- oder Wespenstich.

Doch wenn Kreuzotter, Bär und Co. nicht zu den gefährlichsten Tieren in Deutschland zählen – welche sind es dann?

Wölfe

Obwohl ich bereits geschrieben habe, dass man vor Wölfen in der Regel keine Angst zu haben braucht, will ich hier doch mit dem Wolf beginnen. Die Beziehung des Menschen zum Wolf ist sehr kompliziert, kein Wunder, dass darüber ganze Bücher geschrieben wurden. Der Wolf begleitet uns Menschen schon seit der Steinzeit. Später kam dann dessen »Hausvariante« dazu: der Hund. Kein anderes Tier ist uns einerseits so nah, während andererseits Märchen und Mythen rund um »den bösen Wolf« seit Jahrhunderten immer wieder Ängste schüren. Es gibt mittlerweile mehrere Untersuchungen zu Aufzeichnungen über Wolfsangriffe, die zu ein und demselben Schluss kommen: Der Angriff eines Wolfes auf einen Menschen ist möglich, aber extrem unwahrscheinlich. Ein Sechser im Lotto ist da wahrscheinlicher.

Bei dem Großteil der Wolfsangriffe in der Vergangenheit waren die Wölfe mit Tollwut infiziert. Diese Tiere sind dann verhaltensgestört und zutraulich, zudem sind alle Tiere mit dieser Krankheit, nicht nur Wölfe, für uns Menschen sehr gefährlich, da eine Tollwutinfektion ohne rechtzeitige Gegenmaßnahmen in der Regel tödlich verläuft. Zum Glück wurde diese Krankheit bei uns fast komplett ausgerottet (einzige Ausnahme sind Fledermäuse).

Von 1950 bis 2002 gab es in ganz Nordamerika und Europa lediglich 68 Wolfsangriffe, wofür in mehr als der Hälfte der Fälle Tollwut verantwortlich war. Im Rest der Fälle waren die Wölfe entweder gejagt, in die Ecke gedrängt oder von Hunden gereizt worden, oder sie hatten ihre Scheu komplett verloren. Das kann passieren, wenn Menschen Wölfe anfüttern. Manche machen das, weil sie den Wölfen etwas Gutes tun möchten, doch meistens geht das dann gar nicht gut für die Tiere aus, weil sie auf diese Weise die Scheu vorm Menschen verlieren und dann oft erschossen werden müssen.

Was aber soll man tun, wenn man doch einmal einem Wolf in der freien Natur begegnet?

Wölfe haben gute Ohren und hervorragende Nasen und fliehen lange, bevor wir sie bemerken. Sollte es dennoch einmal zu einer Begegnung kommen, kann man den Wolf meistens mit lautem Rufen und Klatschen vertreiben. Zur Not kann man auch Gegenstände und Stöcke nach ihm schleudern. Panisch davonrennen sollte man lieber nicht, theoretisch könnte man seinen Jagdtrieb dadurch reizen.

So unwahrscheinlich der Angriff eines Wolfes auch ist: Wölfe sind und bleiben wilde Tiere und können theoretisch gefährlich werden, eine weit größere Gefahr für den Menschen geht allerdings von Hunden aus.

Hunde

Als ich 20 Jahre alt war, habe ich mir einen kleinen Welpen zugelegt. Ich taufte den Schäferhund-Collie-Mischling auf den Namen Rocko, und von da an war er über 13 Jahre lang, bis auf wenige Ausnahmen, jeden Tag und jede Nacht an meiner Seite. Ich weiß, wie wunderschön es sein kann, wochenlang mit seinem treuen Begleiter wandern zu gehen und sich ihm ganz nah zu fühlen. Ich weiß aber auch, dass Hunde keine Kuscheltiere sind, sondern lebendige Wesen mit ihrem eigenen Kopf, eigenen Wünschen und Ängsten. Rocko hat in seinen 13 Lebensjahren nur ein einziges Mal einen Menschen gebissen, und zwar als ihn in Schottland ein betrunkener Mann angegriffen und geschlagen hat, als ich ihn vor einem Supermarkt angebunden hatte. Ich war Rocko nicht böse, schließlich hatte er sich nur verteidigt. Hunde haben ein sehr starkes Gebiss und scharfe Zähne. Außerdem haben sie viele Bakterien im Maul, ein Hundebiss kann daher zu einer starken Infektion führen, weshalb man nach einem Biss auf jeden Fall ins Krankenhaus gehen sollte. Ein Großteil der Hunde, die beißen, tun dies, weil Menschen sich falsch verhalten haben, etwa hektisch herumfuchteln, schreien oder weglaufen. Manche Hunde haben in der Vergangenheit Schlimmes erlebt, wurden vielleicht getreten oder geschlagen und sind Menschen gegenüber sehr misstrauisch. Auch gibt es Hunde, bei denen man nicht sagen kann, warum sie beißen. Deshalb ist es immer ratsam, den Hundebesitzer vorab zu fragen, ob man einen Hund streicheln darf. Wenn kein Hundehalter in der Nähe ist, sollte man einen fremden Hund besser nicht anfassen.

Nun sind Hunde ja keine Wildtiere, sondern die Nachfahren des Wolfes. Und während Hunde in vielen anderen Ländern »wild« auf Straßen und auf dem Land leben, sind bei uns fast alle Hunde im Besitz oder in der Obhut eines Menschen. Trotzdem würde ich Hunde mit zu den gefährlichsten Tieren in Deutschland zählen. Jedes Jahr kommt es bei uns zu Tausenden Bissen durch Hunde, auch wenn nicht selten der Mensch die Schuld dafür trägt. Zum einen liegt das daran, dass es einfach so viele Hunde bei uns gibt, nämlich über zehn Millionen. Selbst wenn da nur jeder tausendste Hund beißt, sind das über 1000 Bisse. Zum Vergleich: Die Anzahl der heimischen Wölfe liegt bei ungefähr 1000. Zudem sind Wölfe, wie schon gesagt, viel scheuer als Hunde. Leider kann nicht jeder Besitzer gut mit dem eigenen Hund umgehen, was dazu führt, dass die Tiere aggressiv und gefährlich werden können.

Zecken

Sie sind klein und unscheinbar, trotzdem gehören Zecken zu den gefährlichsten Tieren Deutschlands. Diese kleinen Tierchen sind übrigens keine Insekten, sondern mit den Spinnen verwandt. Das erkennt man unter anderem daran, dass sie als erwachsene Tiere wie die »echten« Spinnen acht Beine haben, Insekten haben dagegen nur sechs. Die kleinen Parasiten ernähren sich vom Blut von Wirbeltieren, also zum Beispiel Vögeln, Reptilien und Säugetieren. Dazu warten sie auf Grashalmen, am Boden oder in Gebüschen darauf, dass ein Tier vorbeiläuft, an dem sie sich festklammern können. Dass sie auf dem Blätterdach von Bäumen warten und sich auf ihre Opfer fallen lassen, ist übrigens Quatsch.

Doch was macht die Zecke nun so gefährlich? So ein kleiner Biss tut kaum weh, und die kleine Menge an Blut, die uns danach fehlt, ist auch kein Problem. Die Gefahr liegt vielmehr darin, dass Zecken eine Reihe von Krankheiten übertragen können, von denen uns FSME, die Frühsommer-Meningoenzephalitis, und Borreliose gefährlich werden können. Gegen FSME kann man sich impfen lassen, was sich empfiehlt, wenn man gern draußen unterwegs ist, selbst im Garten hinterm Haus, und in einer Gegend lebt, in der diese Krankheit häufig vorkommt. Im Internet finden sich Karten mit den Risikogebieten.

Klein, aber gefährlich: die Zecke

Was aber tun, wenn wir eine Zecke an uns entdecken? Zuerst einmal: keine Panik. Nicht jede Zecke hat auch Erreger in sich, und wenn es der Fall sein sollte, heißt das nicht, dass diese Erreger auch übertragen werden. Außerdem ist unser Immunsystem ja auch noch da. Wenn die Zecke Erreger übertragen hat, kann der Körper die Krankheit in vielen Fällen besiegen, bevor sie ausbricht.

Am besten ist es, die Zecke in Ruhe, aber so bald wie möglich zu entfernen. Je länger man wartet, desto höher ist die Chance, dass es zu einer Übertragung von Krankheitserregern kommt. Entfernen können wir Zecken mit einer Pinzette oder Zeckenzange. Die setzt man möglichst nah auf der Haut auf und zieht das Tier mit einem Ruck ab. Früher gab es noch den guten Ratschlag, die Zecken beim Rausziehen zu drehen oder vorher mit Öl zu bepinseln, davon raten die Expertinnen und Experten heute ab. Ist die Zecke entfernt, ist es gut, die Bissstelle zu desinfizieren und mit einem Filzstift einen Kreis darum zu malen. So kann man die Stelle die nächsten Tage beobachten, denn wenn sie größer oder warm wird, sich auffällig rötet oder stark juckt, sollte man unbedingt zum Arzt gehen. Wichtig ist auch, den ganzen Körper abzusuchen, denn wo eine Zecke ist, finden sich vielleicht noch andere. Am besten ist es natürlich, sich gar nicht erst von einer Zecke beißen zu lassen. Deshalb ist es sinnvoll, draußen eine lange Hose anzuziehen, vor allem wenn man durchs Gras gehen möchte. Dazu geschlossene Schuhe tragen und die Hose in die Socken stecken, das hilft gegen die kleinen Parasiten. Mittlerweile gibt es viele Zeckenschutzmittel als Spray in den Apotheken, damit kann man vor einem Ausflug die Schuhe und die Beine einsprühen. Am wichtigsten, denke ich, ist es aber, sich abends gegenseitig gründlich abzusuchen, ob irgendwo am Körper eine Zecke sitzt. Dann kann eigentlich nichts passieren.

Mücken

Welches Tier ist das gefährlichste Tier der Welt? Hai, Löwe oder vielleicht eine Schlange? Es ist gar nicht so einfach zu sagen, was man mit »gefährlich« überhaupt meint. Wenn es um die reine Anzahl der verursachten Sterbefälle geht, dann liegt eine Gruppe kleiner Insekten ganz vorne: die Stechmücken. Ähnlich wie bei den Zecken besteht auch hier die Gefahr, dass die Tiere Krankheiten übertragen.

Man schätzt, dass durch von Stechmücken übertragene Krankheiten pro Jahr weltweit fast eine Million Menschen sterben. Nun passiert das in dem meisten Fällen in den tropischen Regionen der Erde, wo es sehr warm ist. Doch der Klimawandel lässt viele Tiere aus den warmen Gebieten der Welt immer weiter nach Norden wandern, so auch einige Mückenarten, die es bis vor Kurzem bei uns noch nicht gab.

Seit etwa 15 Jahren finden Forscherinnen und Forscher bei uns immer wieder Exemplare der Asiatischen Tigermücke, die einige sehr unangenehme Krankheiten wie Denguefieber und Chikungunyafieber übertragen kann. Noch hält sich ihre Ausbreitung in Grenzen, jedoch sieht es so aus, als würde es in den nächsten Jahren in unseren Breiten immer wärmer werden, was der Mücke sowie Krankheitserregern aus den wärmeren Erdregionen gefallen könnte. Und nicht nur die »exotischen« Mücken können diverse Krankheiten übertragen. Auch unsere heimischen Mückenarten sind in der Lage, zum Beispiel das West-Nil-Virus zu übertragen, wie man 2022 herausfand.

Wildschweine

Vor einigen Jahren habe ich in dem Jagdgebiet eines befreundeten Jägers einen sehr großen Schädel eines Keilers, eines männlichen Wildschweins, gefunden. Dieser imposante Schädel liegt bei mir zu Hause, und mein kleiner Sohn hat schon früh erkannt, dass es sich bei den riesigen sichelförmigen Hauern um Zähne handelt. Letztes Jahr zeigte er immer wieder mit der einen Hand auf den Hauer und mit der anderen Hand auf eines seiner winzigen Schneidezähnchen.

Die Hauer des Wildschweins sind nicht nur groß, sondern auch ziemlich scharf, da sie immer wieder gegen die oberen Eckzähne reiben und sich so selbst »schleifen«. Dazu kommen die beeindruckende Körpergröße und das Gewicht der Tiere: Gerade die männlichen Wildschweine können über zwei Meter lang werden und dabei weit über 100 Kilogramm auf die Waage bringen. Ganz schöne Brocken!

Ich habe ja schon erwähnt, dass die meisten Wildtiere Angst vor uns Menschen haben, das trifft auch auf die Wildschweine zu. Es passiert sehr selten, dass Menschen von ihnen angegriffen werden. In den allermeisten Fällen geschieht so etwas während der Jagd oder wenn Hunde im Wald nicht angeleint sind und losjagen. Wenn die Hunde dann von einem Wildschwein angegriffen werden, das sich zu verteidigen versucht, und der Hundebesitzer geht dazwischen, kann das böse Folgen haben.

Auf der Hut sollte man auch sein, wenn man im Frühjahr im Wald einer Muttersau mit ihren Kleinen, den Frischlingen, die ein auffällig gestreiftes Fell haben, begegnet. Da sollte man sich zurückziehen. Denn die Bachen, wie die Wildschweinmütter auch heißen, kennen keinen Spaß und verteidigen ihre Jungen rabiat.

Ab und zu kommt es vor, dass ein Mensch durch den Angriff eines Wildschweins stirbt. Normalerweise braucht man aber keine Angst vor ihnen zu haben, vor allem nicht, wenn man gewisse Regeln befolgt. Wildschweine fliehen fast immer vor dem Menschen, wenn sie ihn wahrnehmen. Schweine hören und riechen hervorragend, lediglich ihr Sehsinn ist nicht sonderlich gut. Tagsüber liegen Wildschweine gerne

Wildschweine sind anpassungsfähige Allesfresser.

in Dickichten und Gebüschen von Wäldern und Äckern. Da diese Ruhegebiete für viele Tiere wichtig sind, ist es am besten, einen Bogen um sie zu machen und einen anderen Weg zu suchen. Und wenn man doch einmal einem Wildschwein begegnet, das nicht wegläuft, sondern sich nähert, kann man auf einen Baum klettern oder sich dahinter verstecken. Oder man nimmt die Beine in die Hand: Im Gegensatz zu Raubtieren, die so vielleicht erst zur Jagd angestachelt werden, rennen Wildschweine nicht lange hinter einem her, da sie keine Jäger sind. Sie ernähren sich hauptsächlich von Früchten, Pilzen, Wurzeln, Mäusen und Insektenlarven.

Fledermäuse

»Können Fledermäuse wirklich unser Blut trinken?«, fragt mich die zehnjährige Jule, nachdem ich einer Schulklasse im Tegeler Forst im Nordwesten Berlins einen Fledermauskasten gezeigt habe. »Was meinen die anderen?«, frage ich und sehe ihre Mitschüler an. »Ja, das habe ich bei YouTube gesehen!«, ruft Adil. »Nein, das machen die nur bei Kühen«, hält Ellaha dagegen. Nun, was stimmt?

Zunächst einmal: Weltweit gibt es 1400 Fledermausarten, von denen nur drei Blut saugen. Diese Art, sich zu ernähren, ist also eine absolute Seltenheit, und die betreffenden drei Fledermausarten kommen nur auf dem amerikanischen Kontinent vor.

Bei uns in Deutschland sind Fledermäuse selten, hier existieren nur 25 Arten. Aufgrund ihrer Seltenheit und weil ihnen immer weniger Lebensraum zur Verfügung steht, geeignete Schlaf- und Überwinterungsplätze immer weniger werden, sind hierzulande alle Fledermäuse geschützt. Fledermäuse sind eine ganz besondere Tiergruppe. Sie sind schon sehr lange hier auf der Erde, seit Millionen Jahren, und sie sind die einzigen Säugetiere, die fliegen können. Außerdem sind sie in der Lage, mit ganz speziellen Organen ihre Umgebung zu »hören«.

Mithilfe von Echoortung jagen Fledermäuse nachts vorwiegend Insekten.

Wenn es also hier bei uns gar keine blutsaugenden Fledermäuse gibt, wieso können sie uns dann gefährlich werden? Fledermäuse sind an sich völlig harmlos und sollten in ihrem Unterschlupf keinesfalls gestört werden. Ganz im Gegenteil, wer ihnen helfen möchte, kann am Haus oder an einem Baum einen Fledermauskasten anbringen, um ihnen einen Unterschlupf anzubieten. Schließlich sind wir Menschen es auch, die ihnen ihre natürlichen Unterkünfte zerstören, etwa indem wir abgestorbene Bäume aus dem Wald räumen oder weil wir heute Häuser bauen, die anders als früher keine Schlupflöcher für Fledermäuse oder Vögel mehr bieten.

Es gibt jedoch eine gefährliche Krankheit, die sehr selten bei einem Teil der Fledermäuse gefunden wird, und zwar Tollwut. In den letzten 30 Jahren wurden 200 Fledermäuse mit dieser meist tödlich verlaufenden Krankheit gefunden. Doch keine Angst, eine Fledermaus würde uns niemals anfliegen und beißen. Der einzige Moment, der gefährlich werden könnte, ist, wenn man eine schlafende oder verletzte Fledermaus findet. Die sollte man auf keinen Fall anfassen, sondern am besten einem Naturschutzverein oder der Naturschutzbehörde Bescheid geben. Sollte jemand beim Aufheben einer Fledermaus gebissen worden sein, muss man die Bissstelle sofort mit Seife und Wasser ausspülen und ins Krankenhaus fahren. Von Fledermauskot geht keine Gefahr aus.

Was machen Eichhörnchen nachts?

▶▶ KURZANTWORT: Viele Tiere, insbesondere Säugetiere, sind nachtaktiv, um sich vor Raubtieren zu schützen oder Beute zu jagen. Einige, wie Insekten, schlafen nicht kontinuierlich, sondern in kurzen Abschnitten. Während die meisten Vögel tagaktiv sind, gilt das nur für wenige Säugetiere, wie zum Beispiel das Eichhörnchen. Bei Insekten, Spinnen, Fischen und Amphibien ist es ganz unterschiedlich – manche Arten sind tagsüber unterwegs, andere eher nachts. Die meisten Würmer und Schnecken schützen sich am Tag vor der Sonne und sind in der Nacht aktiv.

Ein graues Eichhörnchen flitzt die Rinde einer alten Eiche empor, und alle 15 Kinder, mit denen ich an diesem Septembernachmittag eine kurze Naturtour unternehme, bleiben stehen. Unser Thema heute: tagaktive Tiere. »Da!«, rufen zwei Kinder gleichzeitig aus. »Das sieht ja irgendwie anders aus als das rote Eichhörnchen. Mehr so grau.« »Das ist bestimmt dieses Grauhörnchen«, mutmaßt ein anderes Kind. »Mein Papa hat gesagt, das ist schlecht für die roten Eichhörnchen und soll eigentlich nicht hier sein.«

Nun, was ist da dran? Immer wieder mal wird in den Medien und auch von Naturschutzverbänden über die bei uns

ursprünglich nicht heimischen nordamerikanischen Grauhörnchen berichtet, die bald unsere roten Eichhörnchen verdrängen würden. In Großbritannien, wo die Grauhörnchen
vor über 100 Jahren bewusst aus Nordamerika eingeführt wurden, sind sie in der Tat inzwischen weit verbreitet. Doch bei
uns gibt es bisher keinen Hinweis, dass sich die etwas größeren
Grauhörnchen breitmachen und gar unsere Eichhörnchen, die
zur Unterscheidung von anderen Hörnchen auch Europäische
Eichhörnchen genannt werden, bedrohen. Es gibt sie zwar in
Norditalien, bisher haben sie es aber nicht bis zu uns geschafft.

Dazu muss man wissen, dass unsere heimischen »roten«
Eichhörnchen gar nicht immer rot sein müssen. Das Fell
unserer Eichhörnchen kann auch mal dunkel- oder schwarz-
oder graubraun gefärbt sein, das ist ganz normal – und das von
uns erspähte war so eines.

Woran wir aber unsere heimischen Eichhörnchen gleich erkennen können, das sind die auffälligen wie Pinsel aussehen-
den Haare an den Ohren, die haben die amerikanischen Verwandten nämlich nicht. Aber eigentlich war das ja gar nicht
die Frage gewesen auf unserer Tour, da sollte es um tagaktive
Tiere gehen. Und ob Grauhörnchen oder Europäisches Eichhörnchen – beide sind überwiegend tagaktiv.

Tagsüber sind die kleinen Nager unermüdlich auf Nahrungssuche, spielen Fangen, paaren sich und kümmern sich
um den Nachwuchs. Nachts ziehen sie sich in ihren »Kobel« zurück, wie das Eichhörnchennest genannt wird. Die Tiere wählen dafür in der Regel Gabelungen von Ästen in hohen Bäumen aus und errichten dort aus Zweigen, Rinde, Moos und
Blättern ein kugelförmiges Nest. Der Eingang zu einem Kobel
befindet sich normalerweise an der Seite und ist so klein wie

Eichhörnchen machen manchmal tagsüber ein Nickerchen.

möglich gehalten, um Wärme zu bewahren und Eindringlinge draußen zu halten. Einige Eichhörnchen bauen auch »Notausgänge« in ihren Kobel ein, für den Fall, dass ein Raubtier versucht, in das Nest einzudringen.

Auch die meisten Menschen schlafen in der Nacht und sind tagsüber aktiv. Wer nicht gerade Schlafstörungen hat oder im Schichtdienst arbeitet, schläft in der Regel nachts längere Zeit am Stück und ist tagsüber dann wach. Bei vielen Tieren sieht das allerdings anders aus. So gibt es Tiere, die tagsüber schlafen und eher in der Nacht aktiv sind, wenn sie fressen und jagen. Zudem schlafen manche Tiere – wie beispielsweise viele Insekten oder Spinnen – nicht wie wir mehrere Stunden am Stück, sondern über den Tag und die Nacht verteilt in kleinen »Häppchen«.

Bei den Säugetieren, zu denen auch wir Menschen gehören, nutzen die meisten die Dämmerung oder die Nacht, um aktiv zu sein. Das liegt unter anderem daran, dass ein Großteil der ungefähr einhundert wild bei uns vorkommenden Säuger auf der Hut sein muss, um nicht von einem Raubtier (die wiederum auch Säuger sind) erwischt zu werden. Im vorherigen Kapitel habe ich ja schon einmal erwähnt, dass es bei uns früher viel mehr gefährliche Raubtiere wie Säbelzahnkatzen oder Höhlenlöwen gab, vor denen man sich in Acht nehmen musste. Auch der Mensch hat Tiere gejagt und tut es immer noch – wegen seiner an das Tageslicht angepassten Augen macht er das eher in der Dämmerung oder tagsüber.

Eine Strategie vieler Tiere ist es, den schützenden Bau nur in der Nacht zu verlassen. Zwar gibt es einen großen Teil der Räuber mittlerweile nicht mehr bei uns, die »Nachtaktivität« der meisten Säugetiere hat sich aber bis heute gehalten. Wer nachts oder in der Dämmerung in der Natur unterwegs ist, kann vielleicht einen Dachs entdecken, der auf der Suche nach Würmern, Insekten, Schnecken oder Mäusen ist. Auch Steinmarder, Waschbären, Wildschweine, Marderhunde, Mäuse und Fledermäuse sind dann aktiv, und wir können sie beobachten oder zumindest hören.

Eichhörnchen gehören damit, ebenso wie Murmeltiere, zu den wenigen Säugetieren, die hauptsächlich tagsüber auf Nahrungssuche sind und nachts größtenteils schlafen.

Bei den Vögeln ist der Anteil an nachtaktiven Arten dagegen viel geringer. Bis auf ein paar wenige Arten, wie zum Beispiel die Nachtigall, sind die meisten Vögel bei uns am Tage aktiv – nachts wird geschlafen. Zu den nächtlichen Jägern gehören die Eulen – eine Sumpfohreule oder einen Sperlingskauz kann man aber mit ganz viel Glück auch mal am Tag jagen sehen. Ihre großen Augen und das ausgezeichnete Gehör helfen den Eulen dabei, in fast vollständiger Dunkelheit erfolgreich Mäuse zu jagen.

Schlaf bei Insekten, Spinnen und Co.

Bei Tieren, die nicht zu den Säugern oder Vögeln gehören, weiß man noch sehr wenig über den Schlaf. So ist noch unklar, wie der Schlaf bei Insekten, Spinnen, Fischen, Amphibien, Schnecken und anderen Tieren aussieht. Durch Untersuchungen weiß man zwar, dass es sogar bei den Fruchtfliegen schlafähnliche Zustände gibt; inwieweit man dies mit unserem Schlaf vergleichen kann, lässt sich jedoch noch nicht sagen. Wenn diese Tiergruppen »schlafen«, reagieren sie zum Beispiel weniger stark auf Licht oder Anstupsen. Auch »holen« sie anscheinend Schlaf »nach«, wenn sie am Vortag vom Schlafen abgehalten wurden. Im Gegensatz zu uns sind diese Tiere im Schlaf aber nicht ganz »bewusstlos«, sondern können zum Beispiel trotzdem weiterhin etwas sehen.

Bei den Amphibien und Reptilien, zu denen Schlangen, Eidechsen, Molche, Frösche und Kröten gehören, gibt es Arten, die eher in der Nacht aktiv sind, andere trifft man meist tagsüber an. So hört man den Laubfrosch meistens nachts quaken, die Teichfrösche eher tagsüber. Reptilien brauchen die Wärme der Sonne, um so richtig aktiv zu werden, weshalb die meisten Schlangen nachts eher schlafen und sich erst in der Dämmerung zum Jagen aus ihrem Versteck bewegen.

Bei Insekten, Schnecken, Würmern und anderen Tieren gibt es ganz unterschiedliche Vorlieben – manche sind lieber nachts unterwegs, andere tagsüber. So gibt es eine Reihe von nachtaktiven Schmetterlingen, auch »Nachtfalter« genannt, wie viele aus der Familie der Bärenspinner oder der Schwärmer. Sie sind meist eher gräulich-bräunlich und nicht so bunt gefärbt wie die am Tag aktiven Arten. Diese Falter fliegen in der Nacht umher, saugen den Nektar von Blüten, die sich hauptsächlich nachts öffnen, verpaaren sich und legen Eier.

Bei den nächtlich aktiven Käfern sind wohl die »Glühwürmchen« am bekanntesten. In ihrem Hinterleib tragen sie spezielle Körperzellen, die mithilfe einer chemischen Reaktion zu leuchten beginnen. So soll ein Partner für die Verpaarung angelockt werden. Tagsüber ruhen die Glühwürmchen meist unter Blättern. Wer die faszinierenden Glühwürmchen sehen möchte, die leider wegen der vielen versprühten Pestizide und auch wegen der Lichtverschmutzung selten geworden sind, hält am besten an warmen Abenden von Juni bis August an Waldrändern, in Wiesen, an Gewässern und in Gärten Ausschau. Wichtig ist vor allem, dass die Gegend dunkel ist.

Auch Tiere, die sich vor der Hitze der Sonne schützen müssen, sind oft nachts aktiv. So sind beispielsweise Schnecken und Würmer eher in der Nacht unterwegs, um zu fressen oder sich zu verpaaren.

Alles in allem sind Tiere aber sehr anpassungsfähig und schlafen selten strikt nur tagsüber oder nur nachts. In bestimmten Regionen oder zu bestimmten Jahreszeiten kann das eine vielleicht sinnvoller sein als das andere, es ist also nicht ungewöhnlich, wenn das Schlafverhalten wechselt.

Eichhörnchen dagegen schlafen sommers wie winters nachts, sodass wir sie am Tag wunderbar bei ihren akrobatischen Sprüngen und Klettereien in den Bäumen beobachten können.

Sind Rehe junge Rothirsche?

▶▶ **KURZANTWORT:** Die Hirsche bilden eine Säugetierfamilie mit weltweit ungefähr 50 Arten. Bei uns in Deutschland kommen fünf Hirscharten vor: Die kleinste Art ist das Reh, die größte der Elch, daneben gibt es noch Sikahirsch, Damwild und den Rothirsch. Rehe sind also keine jungen oder kleinen Rothirsche, sondern eine eigenständige Tierart.

Wenn man durch unsere Wälder streift und sich ruhig und langsam bewegt, ist die Wahrscheinlichkeit recht groß, dass man Tiere sehen kann. So auch an diesem Herbsttag, als ich mit einer Gruppe von Kindern im Westen von Berlin auf naturkundlicher Entdeckungstour war. Nach einem anstrengenden Waldspiel, dass mit viel Gerenne verbunden war, machten wir eine Achtsamkeitsübung, bei der man sich langsam und möglichst lautlos durchs Unterholz bewegt. Tatsächlich wurden wir schnell belohnt: Vor uns sprang ein weibliches Reh aus dem Gebüsch und rannte, so schnell es konnte, davon. Kurz darauf fragte mich eines der Kinder: »Sind Rehe denn eigentlich kleine Hirsche?« Womit es gar nicht so falsch lag, aber auch nicht ganz richtig, je nach Blickwinkel.

Heutzutage kommen in unseren Wäldern fünf verschiedene Arten von Hirschen vor, und das Reh ist mit Abstand die häufigste und dabei die kleinste Hirschart. Der Größe nach sortiert kommen danach der Sikahirsch, der Damhirsch, der Rothirsch und in manchen Gegenden der mächtige Elch.

Nicht wenige Menschen vermuten, dass es sich beim Reh um einen jungen Rothirsch handelt. Das stimmt nicht, denn Rehe sind, wie gesagt, eine ganz eigene Tierart, genauso wie eben der Rothirsch. Wenn man ein Reh als kleinen Rothirsch ansieht, ist das ungefähr so, als würde man den Fuchs als Kind des Wolfes bezeichnen. Doch wie kann man die verschiedenen Hirscharten unterscheiden, außer vielleicht durch ihre Größe?

Am wahrscheinlichsten ist es ja, dass wir Rehe sehen. Diese scheuen Tiere sind nicht viel größer als ein Schäferhund, wirken aber in der Ferne und beim Davonspringen manchmal größer. Sie haben rötliches bis braunes Fell sowie große Ohren und Augen. Rehkitze haben typische weiße Flecken auf dem Fell, die der Tarnung dienen. Sie liegen nämlich oft im hohen Gras und sind damit schwerer zu erkennen.

Rehe sind weniger gesellig als andere Hirsche und nicht selten allein unterwegs. Im Winter bilden sich aber regelmäßig Gruppen, die man dann auf offenem Feld herumstehen und fressen sehen kann. Die Rehböcke, das heißt die männlichen Rehe, haben ein kleines Geweih, das sie zwischen Oktober und Dezember abwerfen, bevor ihnen ein neues wächst. Vielleicht ist dieses eher bescheidene Geweih der Grund dafür, dass viele denken, bei den Rehen handele es sich um einen kleinen Hirsch.

Der Unterschied zwischen Hörnern und Geweih

Hörner und Geweihe haben zwar ähnliche Einsatzzwecke, sind aber gänzlich verschiedene Strukturen. Beide können bei der Verteidigung gegen Fressfeinde eingesetzt werden, viel häufiger jedoch helfen sie gegen Feinde in den eigenen Reihen, gegen die Paarungskonkurrenten nämlich. Dabei spielt nicht selten eine Rolle, wer das größte und prächtigste Geweih oder Horn hat. Oft kommt es gar nicht erst zum Kampf zwischen zwei »Mackern«, wenn klar ist, wer den größeren Kopfschmuck trägt.

Bei den Hörnern bildet sich vom Schädel ausgehend eine Art Knochenstange, um die herum dann das Horn wächst. Hörner sind an sich also hohl, deshalb kann man aus ihnen auch trinken. Horn selbst besteht aus Keratin, genau wie Haare oder Fingernägel. Hörner wachsen ein Leben lang und werden mit der Zeit immer größer.

Ein Geweih hingegen besteht komplett aus Knochen. Um während des Aufbaus genug »Baumaterialien« an die richtigen Stellen bringen zu können, wächst zu Beginn eine behaarte Haut, die sogenannte Basthaut, über das Geweih. Sie ist von feinen Blutgefäßen durchzogen und versorgt so das entstehende Geweih. Wenn das Geweih fertig ist, stirbt die Haut ab und hängt dann manchmal in Fetzen von ihm herunter. Wenn man Glück hat, kann man Hirsche dabei beobachten, wie sie ihr Geweih an Bäumen reiben, damit die Haut schneller abfällt. Zu einer bestimmten Zeit, jedes Jahr wieder, werfen die bei uns vorkommenden Hirsche ihr Geweih ab. Das Geweih, das nun nachwächst, ist ein Stückchen größer als das alte, womit auch die Chancen für eine erfolgreiche Paarung steigen.

Sikahirsche sind mit circa einem Meter Schulterhöhe deutlich größer als Rehe, stammen ursprünglich aus Ostasien und wurden im 19. Jahrhundert bei uns in Parks und privaten Gehegen gehalten. Einige entflohen, andere wurden zum Zweck der Jagd bewusst ausgesetzt, und so haben sie sich bei uns in einer Handvoll Gebiete angesiedelt.

Im Sommer haben Sikahirsche ein rötlich-braunes Fell mit weißen Flecken, die im braunen Winterfell später kaum noch zu sehen sind. Eine Besonderheit ist der Fellkragen – eine dichte Mähne –, den die Tiere im Winter passend zur Jahreszeit tragen. Das Geweih wird auch »Stangengeweih« genannt und sieht aus wie ein klassisches Hirschgeweih.

Die ähnlich großen Damhirsche gab es bei uns bis zum Beginn der letzten Kaltzeit vor circa 120 000 Jahren fast überall, dann starben sie jedoch aus. Spätestens im 16. Jahrhundert wurden sie wohl aus Kleinasien wieder eingeführt. Oft werden sie in Gehegen gehalten, die in Rudeln lebenden Tiere können wir aber mit ein bisschen Glück auch auf Wiesen und in relativ offenen Wäldern entdecken. Wie die Sikahirsche haben sie im Sommer ein rötliches Fell mit weißen Punkten, oben auf dem Rücken jedoch einen deutlichen schwarzen Streifen, an dem wir sie gut unterscheiden können. Noch etwas ist auffällig anders als bei den übrigen Hirscharten: Das Geweih ist nicht stangenförmig, sondern breit und flach. Wegen seiner Schaufelartigkeit wird es auch Schaufelgeweih genannt und erinnert eher an einen Elch als an einen Rothirsch.

Rothirsche sind imposante Tiere. Mit bis zu 1,50 Meter Schulterhöhe sind sie so groß wie ein kleines Pferd. Männliche Hirsche werfen ihr bis zu fünf Kilogramm schweres Geweih im Frühling ab, das dann allmählich wieder nachwächst. Erwach-

Bei uns lebende Hirscharten in den richtigen Größenverhältnissen:
(von oben links) Elch, Rothirsch, Reh, Damhirsch und Sikahirsch

sene Rothirsche haben ein braun-rotes Fell, Jungtiere zusätzlich – ähnlich wie die Rehkitze – weiße Flecken. Vor der Brunft, das heißt in der Paarungszeit im Herbst, haben sie außerdem eine dichte Mähne am Hals.

Vielleicht können wir sie nicht leicht erspähen, weil die Tiere grundsätzlich scheu sind, aber im September kann man vielerorts im Wald oder im offenen Gelände ein lautes Röhren vernehmen. Das ist der Brunftschrei eines männlichen Hirsches, der das Auskämpfen der Rangordnung unter den Rivalen um die weiblichen Hirsche begleitet. Bei solchen Kämpfen zwischen zwei Hirschen prallen die Tiere mit den Geweihen aufeinander. Der Hirsch, der als Sieger aus dem Kampf hervorgeht, heißt übrigens Platzhirsch, ein Begriff, den wir ja auch gern mal auf Menschen anwenden.

Der größte aller lebenden Hirsche, der Elch, war ursprünglich auch bei uns heimisch, wurde aber Mitte des 20. Jahrhunderts ausgerottet. Seit ein paar Jahren sind immer mal wieder Einzeltiere aus Osteuropa bei uns zu Gast, in Brandenburg zum Beispiel, gelegentlich in Bayern. Dass sie sich dauerhaft bei uns in größerer Zahl wieder ansiedeln werden, ist unwahrscheinlich, dafür sind die möglichen Lebensräume zu beschränkt. Aber begrenzte Ansiedlungsversuche gibt es neuerdings. Mit einer Schulterhöhe von über zwei Metern und ellenlangen Beinen sind Elche wahre Riesen. Wie die Sikahirsche haben die Elche schaufelartige Geweihe, die bei den Elchen allerdings viel mächtiger sind und weit über 20 Kilogramm wiegen können. Und sowohl Elchbulle wie Elchkuh tragen einen flauschigen Kehlbart.

Was tropft so klebrig von manchen Bäumen?

▶▶ KURZANTWORT: Für den klebrigen Regen sind Blattläuse verantwortlich. Diese saugen an den Blättern, um an den im Pflanzensaft gelösten Zucker und die Aminosäuren zu kommen. Da nur relativ wenig Aminosäuren in diesem Saft zu finden sind, müssen die Blattläuse sehr viel davon trinken. Das überschüssige Wasser samt Zucker wird anschließend ausgeschieden und tropft dann von den Bäumen. Dieses Zuckerwasser ist bei Ameisen und Bienen sehr beliebt. Die Bienen ernten den sogenannten »Honigtau« und dicken ihn zu Waldhonig ein.

Es war ein warmer Sommertag, als ich nach einer Kräuterführung vom Grunewald in Berlin zu einer Bushaltestelle ging. Ich war noch ganz in Gedanken, als plötzlich vor mir die Beifahrertür eines Autos aufging und eine Frau ausstieg. »Verrückt!«, rief sie dem auf der Fahrerseite aussteigenden Mann zu. »Sonst ist alles belegt, aber hier in dieser Reihe parkt niemand.« Sie lächelte mich freudestrahlend an, als ich an ihr vorbeiging. Nachdem ich ein paar Meter weitergegangen war, schaute ich nach oben, und da war mir klar, warum an dieser Stelle bisher niemand geparkt hatte: Entlang dieser Straßenseite standen lauter Linden.

In den Sommermonaten passiert es häufig, dass vom Kronendach dieser wunderschönen duftenden Bäume ein klebriger Regen niedergeht und auf den Autodächern einen Belag hinterlässt, der nur mit viel Mühe wieder herunterzukriegen ist. Kurz überlegte ich, ob ich die glücklichen Parkplatzfinder darauf aufmerksam machen sollte, doch sie waren schon nicht mehr zu sehen.

Verantwortlich für den klebrigen Regen sind Blattläuse, die zuckerhaltigen Saft ausscheiden. Blattläuse gibt es auf jedem Kontinent – mit Ausnahme von Antarktika –, mit Tausenden von Arten. Sie gehören zu den Insekten und sind mit Zikaden und Wanzen verwandt.

Oft treten die winzigen Tierchen in Massen auf, das lässt sich manchmal auch im Blumenfenster oder im Garten beobachten, wenn eine Pflanze plötzlich voller Blattläuse ist. Auf einer Fläche, die so groß ist wie ein Fußballfeld, können über vier Milliarden Blattläuse vorkommen, das entspricht in etwa der Hälfte der Weltbevölkerung. Blattläuse sind sehr erfolgreich und haben sich bereits vor über 280 Millionen Jahren entwickelt, sie sind also älter als die Dinosaurier, die seit immerhin rund 65 Millionen Jahren schon wieder ausgestorben sind, während die Blattläuse noch existieren.

Vom Grundaufbau sind sie den anderen Insekten sehr ähnlich: Blattläuse haben einen Kopf mit Gehirn, Facettenaugen, bei denen sich das Gesamtauge aus vielen kleinen Einzelaugen zusammensetzt, und Antennen, eine Brust mit Organen und sechs ansitzenden Beinen und einen Hinterleib, in dem weitere Organe untergebracht sind. Es ist faszinierend, wie unterschiedlich die Mundwerkzeuge von Insekten sein können. Ganz grob kann man zwischen beißenden Mundwerkzeugen

(zum Beispiel bei Wespen und Käfern) und saugenden Mundwerkzeugen (zum Beispiel bei Schmetterlingen, Mücken und
auch den Blattläusen) unterscheiden.

Blattläuse haben eine lange Unterlippe, in der eine Rinne
entlangläuft. Dort befindet sich ein Bündel sogenannter Stech-
borsten. Sticht die Laus in ein Blatt, quetschen sich die Borsten
zwischen den Zellen hindurch, bis sie die Leitungsbahnen des
Blattes erreichen. Der Speichel der Blattlaus hilft dabei, den
Zusammenhalt der Zellen zu lösen, die Saugwerkzeuge kommen so besser hindurch.

Angezapft werden die sogenannten Siebröhren, die Leit-
bahnen der Pflanze, in denen die Nährstoffe transportiert werden. Diese stehen unter großem Druck, sodass die Läuse nicht
einmal saugen müssen – das kostbare Nass schießt ihnen sozusagen direkt in den Mund. Man hat jedoch herausgefunden,
dass sie auch Flüssigkeiten, die nicht unter Druck stehen, auf-
saugen können. Dafür haben sie eine Art Pumporgan in der
Stirn.

Eigentlich trinken die Blattläuse den Saft in den Siebröhren vor allem wegen der darin enthaltenen Aminosäuren, den
Eiweißbausteinen, die sie als Nahrung brauchen für ihr Wachs-
tum. Sie müssen eine ganze Menge Saft saugen, um ihren Bedarf zu decken, da er nicht sehr reich an Aminosäuren ist, dafür aber sehr reich an Zucker. Das ist der Grund, weshalb sie
viel zu viel Zucker mit dem Saft aufnehmen, und den müssen sie irgendwie wieder ausscheiden. Das tun sie, indem sie
zuckerhaltige Tropfen, sogenannten Honigtau, aus dem After
am Hintern abgeben. Wenn der Tropfen irgendwann groß
genug ist, fällt er ab und landet auf dem Boden – oder eben auf
einem Autodach.

Nährstofftransport in Pflanzen

Eine Blattlaus zapft das Leitungssystem der Pflanze an.

Für den Nährstofftransport ist in unserem Körper das Blut
zuständig. Durch unser verzweigtes Blutgefäßsystem werden Wasser, Nähr- und andere Stoffe von einem Organ zum

anderen transportiert und alle Teile des Körpers versorgt. Bei den Pflanzen funktioniert das etwas anders, auch wenn das Grundprinzip ähnlich ist: Anstelle der Blutgefäße haben sie dünne Röhrchen, die dicht beieinanderliegen, sogenannte Leitbündel. Sie dienen der Weiterleitung von Wasser, Nährstoffen und Mineralien. Meistens gibt es zwei verschiedene Arten von Röhrchen, und in beiden wird Wasser transportiert, wobei das Wasser zugleich »Transportmittel« für andere Stoffe ist. Der eine Typ Röhrchen leitet Wasser und verschiedene Mineralien von den Wurzeln in die übrigen Teile der Pflanze: Stängel, Blätter, Blüten und Früchte. Der zweite Typ Röhrchen dagegen leitet vor allem in Wasser gelösten Zucker und Aminosäuren von den Blättern in die übrigen Teile.

Längst haben auch andere Tiere bemerkt, welch kostbaren Zuckersaft die Läuse ausscheiden. So gibt es Ameisenarten, die sich darauf spezialisiert haben, mit den Blattläusen eine Art Viehhaltung zu betreiben. Sie kümmern sich um eine ganze »Herde« von Blattläusen, säubern sie und tragen sie von alten zu frischen Blättern. Sie »treiben« die Läuse sozusagen auf eine neue Weide. In regelmäßigen Abständen »melken« sie die Blattläuse und trinken den leckeren Zuckersaft. Auch verteidigen sie ihr »Vieh« gegen Räuber. So werden Blattläuse gerne von Marienkäfern und deren Larven, Florfliegen und Schlupfwespen gefressen. Doch auch wenn mal kein »Bodyguard« namens Ameise zur Stelle ist, haben Blattläuse Methoden, sich zu wehren. So können sie bei einem Angriff ein klebriges Sekret absondern oder kleinere Gegner vom Blatt kicken. Zu guter Letzt gibt es noch die Notfalllösung, sich einfach vom Blatt fallen zu lassen.

Neben den Ameisen schätzen auch andere verwandte Insekten den Saft der Blattläuse sehr: die Honigbienen. Sie sammeln den austretenden Honigtau und machen daraus einen dunklen Honig, der im Handel als Waldhonig verkauft wird. Wer jetzt denkt: »I, Waldhonig ist ja quasi Blattlauspipi!«, dann sollten wir uns bewusst machen, dass auch anderer Honig durch den Magen gegangen ist. Schließlich sammeln Bienen dafür den Blütennektar, schlucken ihn erst hinunter und erbrechen ihn dann im Bienenstock in die Waben. Das alles ist aber völlig natürlich und nicht eklig.

Es war ja schon die Rede davon, dass Blattläuse immer wieder massenhaft auftreten. Aber wie gelingt es ihnen, sich so schnell zu vermehren? Das geschieht auf zwei verschiedenen Wegen, einmal geschlechtlich, einmal ungeschlechtlich, was das Ganze ziemlich kompliziert macht. Im Herbst befruchten die Männchen die Weibchen, beide besitzen Flügel, die bei Blattläusen unter bestimmten Bedingungen vorkommen. Die Weibchen legen daraufhin Eier, die überwintern. Aus diesen schlüpfen im Frühling die sogenannten Stammmütter, die meistens keine Flügel haben. Die Stammmütter müssen nicht befruchtet werden, sondern können ohne weiteres Zutun kleine Blattläuse gebären, was auch als Jungfernzeugung bezeichnet wird.

Jungfernzeugung

Wenn man an die Fortpflanzung im Tierreich denkt, hat man in der Regel ein Bild von einem Männchen und einem Weibchen im Kopf. Das Weibchen wird vom Männchen befruchtet, es legt daraufhin Eier oder bekommt ein Junges. Doch es gibt Tiere, die keinen Sex haben müssen, um sich zu vermehren.

Diese Form der Vermehrung wird auch Jungfernzeugung genannt und findet sich im Tierreich immer wieder, zum Beispiel bei einigen Arten der folgenden Tiergruppen: bei den winzigen Rädertierchen und Bärtierchen, bei Fadenwürmern, Insekten, Milben, Skorpionen, Krebsen, Schnecken, Haien, Rochen, Geckos, dem drachenartigen Komodowaran, bei Schlangen und sogar bei manchen Vögeln wie den Truthähnen.

Die unbefruchteten Eizellen der Mutter entwickeln sich zu voll lebensfähigen Nachkommen, die aus genetischer Sicht quasi »Klone«, das heißt identische Kopien der Mutter, sind. Auch wenn ein Großteil der Tiere sich durch Sex vermehrt, kann es unter bestimmten Umständen hilfreich sein, auch ohne Partner auszukommen. Zum Beispiel, weil keine Partner auffindbar sind oder weil man nur durch ein massenhaftes Vorkommen überleben kann. Bei Säugetieren wurde diese Art der Jungfernzeugung in der freien Natur allerdings noch nicht beobachtet.

Einige der durch Jungfernzeugung produzierten Nachkommen der Blattläuse entwickeln Flügel, damit sie neue Pflanzen erreichen können, und bilden im Herbst wieder Männchen und Weibchen. Danach geht der Kreislauf von vorne los. Milliarden von Nachkommen können so mit ihrem Honigtau Ameisen und Bienen glücklich machen und Autofahrer nerven.

Dabei werden nicht nur Linden von Blattläusen befallen, im Prinzip nutzen die kleinen Sauger alle Pflanzenarten. So regnet der klebrige Saft auch von verschiedenen Ahornarten, Kastanien und Fichten. Linden wurden aber eben häufig in Städten und an Parkplätzen angepflanzt, deshalb verbindet man den Kleberegen oft mit diesen Bäumen.

Übrigens haben die einzelnen Blattlausarten oft Lieblingspflanzen, so geht die Rosenblattlaus gerne auf Rosengewächse und die Apfelblutlaus gerne auf Äpfel und Birnen.

Warum haben manche Ameisen Flügel?

▸▸ KURZANTWORT: Bei unseren heimischen Ameisenarten bilden nur die »Geschlechtstiere« Flügel, also sowohl die jungen »Prinzessinnen« – die angehenden Königinnen, die das Nest verlassen, um sich auf den Jungfernflug zu begeben und sich begatten zu lassen – als auch junge »Prinzen«. Letztere spielen nur für die Paarung eine Rolle, nach dem Akt gehen sie ziemlich schnell zugrunde. Der Ameisenstaat an sich besteht aus den flügellosen Arbeiterinnen und der großen, Eier legenden Königin.

»Hä?« Verwundert schaut Maria durch die Lupe auf die Ameise im Becher. »Warum hat die Ameise denn Flügel? Oder ist das eine kleine Biene?« Bei unserer kleinen Exkursion sind elf Kinder zwischen sechs und zwölf Jahren für zwanzig Minuten umhergestreift und haben allerlei Insekten, Spinnen und Würmer mit ihren Becherlupen gefangen. Bevor wir alle wieder in die Freiheit entlassen, schauen wir uns die mitgebrachten Tiere genauer an. Maria hat eine geflügelte Ameise aufgesammelt.

Ameisen sind unglaubliche Tiere. In mancher Hinsicht sind sie uns Menschen sehr ähnlich. Die kleinen Insekten leben in großen Gemeinschaften, den sogenannten Ameisenstaaten.

Oft teilen sie sich die Arbeit untereinander auf. Manche Ameisenarten halten sich andere Insekten als Nutztiere. Andere legen nicht nur Pilzgärten an, sondern wässern und pflegen diese, bevor sie abgeerntet werden. Eine traurige Ähnlichkeit mit den Menschen ist, dass viele Ameisenarten regelrechte Kriege gegen andere Ameisenstaaten führen und sich zum Teil sogar »Sklaven« halten. Wissenschaftlerinnen und Wissenschaftler haben herausgefunden, dass Ameisen außerdem nach einem Kampf verletzte Artgenossinnen nach Hause tragen und dort unter Einsatz selbst produzierter »Medizin« wieder gesund pflegen, mitunter werden sogar nicht heilende Gliedmaßen erfolgreich amputiert.

Man unterscheidet weltweit über 14 000 verschiedene Ameisenarten, vermutlich gibt es aber fast doppelt so viele. In Deutschland leben etwa 100 Arten, von denen knapp die Hälfte gefährdet ist und eigentlich stärkeren Schutz bräuchte.

Ameisen haben unterschiedliche Lebensweisen entwickelt, so schnappen sich Wanderameisen auf ihren dauerhaften Streifzügen in den Tropen alles an Kleintieren, was sie zwischen ihre Mandibeln – so heißen die Kauwerkzeuge – bekommen. Bei uns legen Ameisen Nester an, meist gut geschützt unter der Erde. Ameisen lieben Wärme, und daher bauen Arten wie die Rote Waldameise über dem Erdnest eine große Kuppel aus Nadeln, die sich in der Sonne aufheizt. Diese Hügel liegen daher auch an Plätzen, die auf jeden Fall von der Sonne beschienen werden.

Unsere heimischen Ameisen leben hauptsächlich vom Sammeln und Jagen. Dabei haben sie es auf andere Insekten und Spinnen abgesehen, aber auch Aas sowie Früchte, Pflanzenteile und Samen werden nicht verschmäht.

Die Hauptmasse der Ameisen bilden bei uns die weiblichen Tiere, die sogenannten Arbeiterinnen, die im Gegensatz zur Königin die meiste Zeit unfruchtbar sind. Die Königin ist meist viel größer und befindet sich oft in einer speziellen Kammer, um dort ununterbrochen Eier zu legen.

Bevor sie zur »Eierlegemaschine« wurde, hat sie als »Prinzessin« ihren alten Staat verlassen, um sich auf die Suche nach einem Männchen zu machen. Dafür bildete sie Flügel und flog mit ihren Schwestern umher, bis sie einen passenden Partner fand. Dieser übergab ihr während der Begattung Millionen von Spermien, die sie danach in ihrer körperinneren »Vorratstasche« jahrelang mit sich herumträgt. Mit diesen Spermien wird in den folgenden Jahren ein Teil der Eier im Körper der Königin während der Eiablage befruchtet.

Nach der Ablage werden die Eier von den Arbeiterinnen in besonderen Brutkammern gesäubert und gepflegt. Je nach Art schlüpfen nach circa zwei Wochen die kleinen Larven, die stetig gefüttert und umsorgt werden. Haben diese sich nach ein bis zwei Wochen fett gefressen, verpuppen sie sich und verbleiben für weitere zwei bis drei Wochen in einem Kokon, einer schützenden Hülle, bevor sie das Licht der Welt erblicken.

Bereits im Körper der Königin hat sich also entschieden, was aus den Ameiseneiern werden soll. Im Prinzip gibt es drei Möglichkeiten: Werden die Eier nicht befruchtet, was manchmal auch einfach deshalb passiert, weil der Vorrat an Spermien in der Samentasche der Königin nach Jahren zur Neige geht, entsteht aus den Eiern eine männliche Ameise, quasi ein »Prinz«. Dieser hat Flügel und wird zur gegebenen Zeit mit seinen Brüdern aus dem Staat geworfen, um auf Hochzeitsflug zu gehen und zukünftige Königinnen, die »Prinzessinnen«, zu begatten. Das Leben eines Prinzen ist allerdings nicht besonders lang, denn die Prinzen sterben bereits kurz nach der Begattung.

Wenn die Eier befruchtet wurden, können sich daraus entweder Arbeiterinnen oder zukünftige Königinnen (also »Prinzessinnen«) entwickeln, was unter anderem von Faktoren wie Temperatur, Futtermenge, Feuchtigkeit und dem Alter der Eier legenden Königin abhängt. Die Arbeiterinnen sind, wie ihr Name schon sagt, für viele Arbeiten zuständig: Sie bauen das Nest, besorgen Nahrung, kümmern sich um die Eier und Larven. Die zukünftigen Königinnen haben genau wie die »Prinzen« Flügel und begeben sich gemeinsam mit ihren Schwestern auf den Hochzeitsflug, um sich begatten zu lassen. Womit wir wieder am Anfang der Geschichte sind. Ziemlich kompliziert, oder?

Doch was macht ein Ameisenstaat, dessen Königin urplötzlich stirbt? Also keine Eier mehr legen kann, aus denen neue Ameisen werden, die den Ameisenstaat am Leben halten? Auch dagegen sind Ameisen gewappnet: Einige der normalerweise unfruchtbaren Arbeiterinnen beginnen in so einem Fall miteinander zu kämpfen, und sobald klar ist, dass ein Exemplar die neue »Ersatzkönigin« wird, verkleinert sich ihr Gehirn (wahrscheinlich, um Energie zu sparen), und sie entwickelt große Eierstöcke. Nun kann sie von einem Männchen befruchtet werden und ersatzweise für den Nachwuchs in der Kolonie sorgen.

Ob es sich bei einer geflügelten Ameise um einen »Prinzen« oder eine »Prinzessin« handelt, ist gar nicht so einfach festzustellen, schließlich sind die Geschlechtsorgane bei diesen kleinen Tieren winzig. Mit einem geschulten Auge und einer star-

Mit winzigen Eiern fängt der Kreislauf an. Rechts oben eine Larve, links davon ein Kokon, darunter eine Arbeiterin, in der Mitte die Königin, darunter ein weibliches Geschlechtstier, unten ein männliches.

ken Lupe lässt sich das aber erkennen. Und es gibt noch ein
weiteres Unterscheidungsmerkmal: Während die »Prinzen«
meist ungefähr so groß sind wie die Arbeiterinnen, sind die
»Prinzessinnen« ein gutes Stück größer.

Leider verschwinden weltweit immer mehr Arten von Tieren (und Pflanzen), und auch unserer heimischen Tierwelt
geht es nicht gut. Insekten sind besonders betroffen – die mo-
derne industrielle Landwirtschaft nutzt die Flächen anders als
früher, wenige Nutzpflanzen wie Getreide und Mais werden
intensiver angebaut und mehr gedüngt, was den Kleinstlebewesen in den Ackerböden zu schaffen macht. Auch verwendet die Landwirtschaft starke Insektengifte, und überhaupt
wird der Lebensraum der kleinen Krabbler immer weiter zu-
gunsten von Straßen, Wohngegenden und Industrieanlagen
aufgegeben.

Verschiedene Untersuchungen dazu kommen leider fast
alle zum selben traurigen Ergebnis: Nicht nur stehen immer
mehr Arten kurz vor dem Aussterben, auch gibt es insgesamt
weniger einzelne Individuen innerhalb der Arten. So musste
man bei uns vor 30 Jahren nach jeder längeren Autofahrt noch
die Frontscheibe von toten Insekten befreien – heutzutage ist
das nicht mehr nötig, weil der Bestand so stark abgenommen
hat. Ameisen sind von dieser Entwicklung besonders stark betroffen: Mehr als die Hälfte aller bei uns vorkommenden Ameisenarten gilt als bedroht.

Um die Artenvielfalt zu schützen, die das Netz des Lebens
auf der Erde erst stark macht, können wir selber tätig werden.
Im Garten können wir beispielsweise bestimmte Pflanzen aus-
säen, die beliebt bei Ameisen sind, da sie kleine essbare An-
hängsel an den Samen haben oder viel Nektar produzieren.

Dazu gehören Taubnesseln, Schafgarbe, Lavendel, Storch-schnabel oder Klee.

Wer es sehr gut meint, kann in Bereichen mit Ameisen kleine Schälchen mit Zuckerwasser aufstellen. Wichtig ist, dass die Schälchen sehr klein sind oder aber kleine Stöckchen darin liegen, damit die Ameisen und andere Tiere nicht er-trinken. Nützlich ist es auch, ein paar Ecken im Garten unge-stört zu lassen, vor allem die etwas feuchteren und dunkleren Ecken. Wer einen Erd- oder Sandhügel anlegt, kann damit ver-schiedenen Insekten etwas Gutes tun, da solche Hügel ihnen eine tolle Behausung bieten können.

Am allerwichtigsten ist es jedoch, keine Insektengifte im Garten oder dem Haus zu verwenden. Das ist für alle Tiere (auch für uns Menschen) schädlich.

Experiment mit Waldameisen

Achtung: Waldameisen sind streng geschützt, ihre Hügel dür-fen keinesfalls kaputt gemacht werden. Denn leider sind Wald-ameisen bei uns gefährdet, wir müssen stark aufpassen, sonst wird es sie vielleicht irgendwann bei uns nicht mehr geben.

In diesem Experiment an einem belebten Waldameisenhügel kannst du die Ameisensäure dieser wuseligen Insekten sicht-bar machen. Ameisen sondern die Säure zu ihrer Verteidigung ab. Bekommen andere kleine Lebewesen den Sprühnebel ab, verspüren sie einen unangenehmen Reiz.

Alles, was du benötigst, ist eine blaue Blüte, zum Beispiel vom Veilchen, Ehrenpreis oder dem Borretsch. Wenn man die

Blüte kurz über den Ameisen hin und her wedelt, werden sie diese ziemlich schnell als Gefahr wahrnehmen und mit ihrer Ameisensäure spritzen. An den Stellen, an denen die Blüte mit der Säure in Berührung gekommen ist, färbt sie sich rot. Das funktioniert übrigens auch ganz ohne Ameisen, und zwar mit Zitronensäure.

Warum ist es so schwer, eine Fliege zu fangen?

▶▶ KURZANTWORT: Die Facettenaugen von Fliegen können zwar kein ganz so scharfes Bild abliefern wie unsere Linsenaugen, dafür nehmen sie Bewegungen viel besser und vor allem schneller wahr. Nehmen wir Menschen eine Diashow mit 24 Bildern pro Sekunde als einen mehr oder weniger ununterbrochenen »Film« wahr, können Fliegen 200 Bilder pro Sekunde erfassen. Daneben sind sie hervorragende Flieger, ihr Flügelschlag geht so schnell vonstatten, dass sie hohe Geschwindigkeiten erreichen können.

Mich haben Insekten schon als Kind fasziniert. Stundenlang konnte ich auf dem Erdboden liegen und Ameisen dabei beobachten, wie sie zielstrebig tote Insekten, Samen und Stöckchen davonschleppten. Mein Wunsch, später Biologie zu studieren, hat sich wohl in solchen Momenten entwickelt. Ein anderes Insekt, das mich als Kind schwer beeindruckt hat, war die Fliege. Genauer gesagt die gewöhnliche Stubenfliege. Stundenlang kann sie an der Wand sitzen und nichts tun. Ab und zu putzt sie vielleicht ihre kleinen Taster und Flügel, ansonsten starrt sie einfach nur vor sich hin. Wenn man sich ihr dann ganz langsam mit der Hand nähert und glaubt, nahe genug dran zu sein, um sie mit einer schnellen Bewegung zu fangen, ist sie auch schon wieder weg.

Fliegen sind in vielerlei Hinsicht erstaunlich. Wenn man sie einmal unter einer Lupe oder einem Stereomikroskop ansieht, das einen räumlichen Eindruck vermittelt, kann man direkt einen Schreck bekommen. Wie ein gruseliges Monster kann sie einem da zunächst erscheinen mit ihren riesigen Augen, Tastern und äußeren Mundwerkzeugen sowie dicken Haaren und Borsten überall. Je länger man jedoch schaut und versteht, wie eine Fliege aufgebaut ist, desto mehr wird man sich für sie begeistern.

Die ersten Tage im Leben einer Stubenfliege

Alles begann mit einem Stückchen Wurst unter einem Küchenschrank.

Es war ein warmer Sommertag, als eine weibliche Fliege, die ein paar Tage zuvor von einer männlichen Fliege befruchtet worden war, von einem ganz bestimmten Geruch angelockt wurde. Das Stückchen Wurst, das auf den Boden gefallen und von einem Menschenfuß versehentlich unter den Küchenschrank gekickt worden war, strömte einen verführerischen Duft nach Buttersäure aus. Den Menschen fiel das nicht auf, denn ihre Nasen sind nicht so gut trainiert. Die werdende Mutterfliege dagegen konnte bereits vom Wohnzimmer aus die feinen Nuancen des Geruches wahrnehmen.

Von der Duftspur Richtung Küchenschrank geleitet, setzte die Fliege gerade zur Landung an, als ein riesenhafter Mensch wie in Zeitlupe seine Hände aufeinander zu bewegte, um sie zu erschlagen. Doch die Fliege konnte um die sich langsam bewegenden Arme herummanövrieren, wobei sie durch den entstandenen Luftstrom etwas herumgewirbelt wurde. Die kleinen Schwingkölbchen hinter den Vorderflügeln halfen ihr aber dabei, nach den kurzen Turbulenzen eine stabile Flugbahn zu erreichen.

Sanft landete die Fliege auf dem Boden unter dem Schrank. Mithilfe der Geschmacksrezeptoren unter ihren Füßen schmeckte sie bereits die Spur, die der fleischige Leckerbissen bei seiner Rutschpartie unter den Schrank hinterlassen hatte. Sie war also schon ganz nah dran. Die Haftlappen unter ihren Füßen saugten sich an den Boden, sodass sie mit ihren blitzschnellen Bewegungen der sechs Beine in Sekunden am Wurststückchen angelangt war. Behände kletterte sie auf den kleinen Essensberg und schmeckte mit allen sechs Füßen Verwesung, Buttersäure, Salz.

Doch nicht ihr eigener Hunger hatte sie hierhergelockt. Sie war aufgrund einer höheren Bestimmung gekommen. Ihr Unterleib war zum Bersten voll mit Hunderten kleiner Eier, die es an die richtigen Stellen zu bringen galt. Vorsichtig senkte sie ihr Hinterende und drückte 137 winzige weiße Eierchen auf den Wurstzipfel. Danach verschwand sie so schnell, wie sie gekommen war, schließlich wollten noch Hunderte weiterer Eier versorgt werden.

Dann war es eine Zeit lang still unter dem Küchenschrank. Doch bereits im Morgengrauen, der Mensch schlief noch tief und fest, regte sich etwas: Einige der Eier brachen an einem Ende auf. Heraus wanden sich winzig kleine Maden, die zwar noch so gut wie blind waren, aber bereits über einen hervorragenden Geruchs- und Geschmackssinn verfügten.

Sofort begannen die beinlosen Larven damit, sich begierig in das Fleisch zu bohren und sich mithilfe der zangenförmigen Mundwerkzeuge die Mägen vollzuschlagen. Die Temperaturen waren ideal, in der Küche staute sich die Sommerhitze, und Nahrung war reichlich vorhanden. Innerhalb der nächsten vier Tage legten die Larven so schnell an Umfang zu, dass sie sich mehrfach häuten mussten.

An Tag vier entleerten die Maden dann ihren Darm und ver- puppten sich. Dabei verhärtete sich die zuvor weiche Haut, und sie waren kaum wiederzuerkennen. Sie sahen nun aus wie kleine rötliche Tönnchen und lagen einfach nur herum, ohne sich zu bewegen. Nach ein paar Tagen – die Menschen hatten weder den Wurstzipfel unter dem Küchenschrank noch die kleinen Kokons entdeckt – begann dann das große Schlüp- fen. Nicht alle der kleinen Eier hatten es so weit geschafft, manche hatten sich nicht zu einer gesunden Larve entwickelt, andere wurden im Kokon durch einen Pilz dahingerafft. Doch immerhin 16 junge Fliegen erblickten am achten Tag nach der Eiablage das Licht der Welt.

Mit ihren Facettenaugen konnten sie ihre Geschwister und deren hektische Bewegungen bereits wahrnehmen. Der Saugrüssel wurde sofort eingesetzt, nachdem sie eine auf- lösende Flüssigkeit auf den Nahrungsberg abgegeben hatten, der sie ja bereits in ihrer Larvenzeit so zuverlässig ernährt hatte. Eine der Fliegen wagte sich an den Rand des unteren Küchenschranks, schaute kurz nach oben und startete in ein nur wenige Wochen andauerndes, aber intensives Fliegen- leben.

Bevor wir uns mit den Sinnen der Fliege beschäftigen, die ihr fast schon superheldenartige Fähigkeiten verleihen, sollten wir uns einmal ihre Füße genauer anschauen. Wieso kann die Fliege überhaupt an der Tapete, kopfüber am Holzbalken oder sogar am spiegelglatten Fenster sitzen, ohne herunterzufallen?

In der kleinen Geschichte über den Anfang eines Fliegenlebens wurde bereits von der unerhörten Tatsache berichtet, dass Fliegen mit den Füßen schmecken können. Doch auch aus anderen Gründen ist der Aufbau der Fliegenfüße sehr spannend. So haben sie am Ende mehrere Krallen, mit deren Hilfe sich die Insekten an Oberflächen mit winzigen Löchern oder weichen Materialien gut festhalten können. Dazu haken die Fliegen die Krallen einfach ein, so wie die Katze, die einen Vorhang erklimmt.

Wie soll das aber an der Fensterscheibe oder anderen glatten Oberflächen funktionieren? Auch dafür hat die Fliege eine Lösung parat: Dank ihrer sogenannten Haftlappen an den Füßen kann sie sogar kopfüber an spiegelglatten Flächen hängen. Tausende winzig kleiner Härchen sorgen zusammen mit einem abgesonderten Haftsekret dafür, dass die Fliege an der glatten Oberfläche Halt findet. Dem liegen sogenannte Adhäsionskräfte zugrunde, die für das Aneinanderhaften verschiedener Stoffe sorgen und zum Beispiel auch dann im Spiel sind, wenn ein Wassertropfen an einer Scheibe kleben bleibt. Sollten die Füße die Fliege einmal im Stich lassen, ist das kein Beinbruch – dann werden eben kurzerhand die Flügel »angeworfen«.

Fliegen gehören wie auch die Mücken zu den »Zweiflüglern«. Wie der Name schon sagt, haben sie nur ein voll entwickeltes Flügelpaar. Andere fliegende Insekten wie Schmetterlinge, Wespen und Bienen haben dagegen vier Flügel, auch wenn man das nicht immer gut erkennt. Käfer haben übrigens ebenfalls vier Flügel: die harten Deckflügel und die darunter liegenden weichen Hinterflügel.

Nicht so die Zweiflügler: Hier sind die Hinterflügel zu sogenannten Schwingkölbchen oder Halteren umgewandelt. Dabei handelt es sich um zwei kleine keulenförmige Gebilde, die hinter den Vorderflügeln stehen. Sie schwingen gleichzeitig mit den Flugflügeln und sind technisch gesehen Meisterwerke: So besitzen sie zahlreiche Messwerkzeuge und können kleinste Änderungen der Flugbahn messen.

Wunderwerk Stubenfliege: Mit Krallen und Haftpolstern bestückt kann sie sich auf jeder Oberfläche halten. Und die Schwingkölbchen unterstützen die Flugkünste.

Dazu kommt, dass Fliegen mehrere Hundert Mal pro Sekunde mit den Flügeln schlagen können und auf diese Weise ziemlich hohe Geschwindigkeiten erreichen. Die hummelähnliche Rachenbremse zum Beispiel ist bis zu 40 Stundenkilometer schnell. Das klingt vielleicht erst einmal gar nicht so beeindruckend, immerhin hat Usain Bolt, der bis jetzt schnellste Mensch der Welt, fast 45 Stundenkilometer erreicht. Doch der gebürtige Jamaikaner mit seinen 1,95 Metern ist etwa hundertmal größer als eine Rachenbremse. Das ist ungefähr so, als würde ein Kind so schnell rennen wie ein Riese, der mit 150 Metern so groß ist wie die höchste Pyramide der Welt in Ägypten.

Fliegen fliegen also ganz hervorragend. Das erklärt aber noch nicht, wieso sie so verflucht schnell reagieren können. Sie besitzen eine Reaktionsfertigkeit, die sogar Katzen vor Neid erblassen lassen muss. Um besser zu verstehen, warum Fliegen fast schon Superheldenfähigkeiten besitzen, müssen wir uns einmal ihre Sinne beziehungsweise Sinnesorgane genauer ansehen.

Der Hauptgrund, warum Fliegen so schnell reagieren können, liegt in ihren Augen. Die allermeisten Insekten haben sogenannte Facettenaugen. Diese bestehen aus Hunderten bis Tausenden von Einzelaugen, die man auch als Ommatidien bezeichnet. Sie liefern insgesamt ein unschärferes Bild als unsere Linsenaugen, sodass die Welt für das Insekt ein wenig »pixelig« aussehen muss. Dafür haben die Fliegen jedoch einen Rundumblick und können Bewegungen viel besser wahrnehmen als wir, und zwar bis zu fünf Mal so gut.

Das lässt sich an einem Beispiel verdeutlichen: Videos bestehen aus vielen Einzelbildern, die schnell hintereinander gezeigt werden, sodass in unserer Wahrnehmung eine fortlaufende Bewegung entsteht. Im Kino werden meistens 24 Bilder pro Sekunde gezeigt, bei weniger als 18 Bildern pro Sekunde empfinden wir Menschen das Video als »ruckelig«. Dadurch, dass Fliegen aber über 200 Bilder pro Sekunde wahrnehmen können, sehen sie im Kinosaal kein flüssig laufendes Video, sondern eine gähnend langweilige Diashow, bei der jedes Bild kurz steht, bevor das nächste gezeigt wird.

Umgekehrt wirkt es für uns, wenn wir nach einer Fliege schlagen: Ein sich schnell bewegendes Objekt verschwimmt in unserer Wahrnehmung, wir können dieses nicht mehr »scharf« sehen.

Für eine Fliege sieht der sich bewegende Arm nicht unscharf aus, da sie sich von diesem viel häufiger ein Bild macht im Vergleich zu uns. Sie kann die Bewegungsrichtung und Geschwindigkeit somit auch viel besser einschätzen und entsprechend gut ausweichen. Die Frage, ob Fliegen alles »verlangsamt« und wie in »Zeitlupe« wahrnehmen, lässt sich nicht beantworten, da wir sie ja nicht fragen können. Könnten wir sie fragen und sie uns antworten, würde sie wahrscheinlich sagen: »Nö, wieso? Ist doch alles ganz normal.« Sie kennt es ja nicht anders und hat keinen Vergleich.

Neben der fixen Wahrnehmung haben Fliegen noch einen Vorteil: Sie können sehr schnell reagieren, was etwas mit ihren Nerven und ihrer Größe zu tun hat. Während eine Information in unserem Kopf vom Auge bis zum Gehirn eine Nervenbahn von über vier Zentimeter durchläuft, sind es bei der Fliege nur Bruchteile von Millimetern. Und während wir Menschen innerhalb eines Zehntels einer Sekunde etwas wahrnehmen können, können Fliegen bereits innerhalb eines Fünfzigstels einer Sekunde ihre Flügel »anschmeißen« und sich davonmachen.

Unser riesiges und komplexes Gehirn kann zwar einerseits digitale Haustiere programmieren oder die Flugbahn von Asteroiden berechnen, andererseits macht es das aber auch etwas träge. Während die Informationen, die unserem Gehirn über unsere Sinne weitergegeben werden, erst einmal aufwendig gefiltert und bearbeitet werden müssen, geht das Ganze im kleineren und einfacher aufgebauten Fliegenhirn vermutlich »unbürokratischer« und zügiger vonstatten.

Was machen die Schmetterlinge im Winter?

▸▸ KURZANTWORT: Tiere haben unterschiedliche Strategien, um mit unserer kalten Jahreszeit umzugehen. Manche Schmetterlinge wie beispielsweise der Zitronenfalter überwintern im Gebüsch geschützt als Falter, indem sie ein Frostschutzmittel einlagern. Andere Arten überwintern als Kokon – die Raupe verpuppt sich, bevor es richtig kalt wird. Und wieder andere Arten überwintern einfach als Ei und entwickeln sich erst im Frühling zur Raupe.

Die Tage werden kürzer, der Wind weht stärker, und wenn man morgens das Haus verlässt, ist es bereits deutlich kälter als noch im Sommer – der Herbst ist da. Ich gehe in den Keller, um meine Daunenjacke aus einer der Kisten zu kramen, als ich plötzlich etwas an der Wand kleben sehe. Bei näherer Betrachtung erkenne ich eine grünlich-gelbe und mit schwarzen Tupfen versehene Schmetterlingspuppe. Nachdem ich sie fotografiert habe, gehe ich wieder hoch in meine Wohnung, schlage in meinem Schmetterlingsführer nach und finde sie sofort: Es ist die Puppe eines Kohlweißlings! Vor ein paar Wochen hat sich die Raupe mithilfe ihrer Spinndrüsen einen Kokon gebaut. Das heißt, die aus den Spinndrüsen austretende Flüssigkeit ist schnell zu einem Faden geworden, mit dem die Raupe einen schützenden Panzer um sich gebildet hat. In der Puppe findet allmählich eine Verwandlung statt: Die Raupe entwickelt sich zu einem Schmetterling, der im Frühjahr den Kokon verlassen und davonfliegen wird.

Für uns sind die vier Jahreszeiten Frühling, Sommer, Herbst und Winter so selbstverständlich, dass wir sie meist gar nicht als etwas Besonderes wahrnehmen. In manchen Teilen der Welt gibt es jedoch überhaupt keine Jahreszeiten. In den Tropen beispielsweise ist es das ganze Jahr hindurch fast gleich warm, im Jahresverlauf gibt es mal Regenzeiten und mal Trockenzeiten. Auch in der Nähe der Pole existieren keine Jahreszeiten, wie wir sie kennen. Im einem Halbjahr ist es dunkel und extrem kalt, während es in der anderen Hälfte des Jahres dauerhaft Tag und etwas wärmer ist.

Die verschiedenen Jahreszeiten bringen nicht nur für uns viel Abwechslung, auch unsere Tier- und Pflanzenwelt musste sich mit diesem Wechsel arrangieren. Auf dauerhafte Kälte kann man sich langfristig einstellen, doch im Sommer 30 Grad auszuhalten, wenn im Winter dann plötzlich minus zehn Grad herrschen, das ist eine echte Herausforderung!

Im Winter besteht dabei nicht nur die Gefahr zu erfrieren. Es gibt zudem auch wenig Nahrung, und an kalten Tagen ist flüssiges Wasser schwer zu finden. Nicht jedes Tier ist in der Lage, Eis oder Schnee zu fressen und so das nötige Wasser zu sich zu nehmen. Wie also gehen Tiere in unserer Umgebung mit dem Winter um? Welche Strategien haben sie entwickelt, um auch bei Eiseskälte und knappem Nahrungsangebot zu überleben? Sie können sich ja nicht wie wir, wenn es besonders kalt ist, einfach einen dicken Pulli anziehen, im Haus die

Heizung hochdrehen und dazu einen schönen warmen Tee trinken.

Also, um zur Frage dieses Kapitels zurückzukommen: Was machen die Schmetterlinge? Tag- und Nachtfalter haben unterschiedliche Strategien, über den Winter zu kommen, und nicht alle Schmetterlinge überwintern wie der Kohlweißling als Puppe. Manche, so wie der Kaisermantel, suchen im Winter als Raupe Schutz unter Rinde und Moos. Der Kommafalter überwintert als Ei, das das Weibchen im Laufe des Jahres bodennah in einer geschützten Ecke abgelegt hat. Ganz Hartgesottene wie der Zitronenfalter überdauern den Winter als ausgewachsener Schmetterling mithilfe eines Frostschutzmittels, das sie im Körper haben, in schützenden Gebüschen oder Spalten.

Man muss sich das vorstellen wie bei Autos, dort geben wir im Winter dem Kühlwasser für den Motor ein Frostschutzmittel zu, das verhindert, dass das Wasser gefriert und vielleicht Leitungen aufsprengt. Der Zitronenfalter macht etwas Ähnliches, er gibt Wasser aus seiner Körperflüssigkeit ab und lagert Frostschutzmittel wie Glyzerin ein, das er aus der Natur gewinnt. So kann der Schmetterling Temperaturen bis minus 20 Grad überstehen.

Auch überall sonst in unserer heimischen Tierwelt gibt es unterschiedliche Strategien, mit dieser unwirtlichen Jahreszeit umzugehen. Da der Bodenfrost meist nur die obersten Zentimeter erreicht, ziehen sich viele im und am Boden lebende Tiere einfach in tiefere Erdschichten zurück. Viele Ameisen haben tiefer liegende Kammern, in die sie sich verkriechen. Auch Regenwürmer flüchten weiter in die Tiefe, müssen sich aber ständig vor ihrem Hauptfeind, dem Maulwurf, in Acht

nehmen. Dieser legt sich Wintervorräte an, indem er einge-
sammelten Würmern das Vorderende abbeißt. So können
diese nicht mehr flüchten, bleiben aber lange »frisch«. Der
Maulwurf hat zudem eine Strategie, seinen hohen Energiever-
brauch zu senken: Vor Kurzem hat man herausgefunden, dass
Maulwürfe ihre Schädel samt Gehirn im Winter um bis zu elf
Prozent schrumpfen. Das ist vor allem deshalb sinnvoll, da
Gehirne sehr viel Energie verbrauchen.

Einige Säugetiere wie Braunbären, manche Igel, Siebenschläfer, Murmeltiere und Fledermäuse verpennen einfach
den Winter. Sie fahren ihren Stoffwechsel so weit herunter,
dass sie nur noch sehr wenig Energie verbrauchen. Das bedeutet auch, dass das Herz viel langsamer schlägt und die
Tiere weniger atmen. So holen Braunbären in ihrer Winterruhe nur noch einmal pro Minute Luft. Zwischendurch wa-
chen die Tiere immer mal wieder auf und strecken sich, bewegen sich etwas, um dann wieder in einen tiefen und langen
Schlaf zu fallen.

Andere Säugetiere wie Eichhörnchen, Mäuse oder Hams-
ter sind im Winter zwar noch etwas aktiver, fahren aber ihren
Stoffwechsel und ihre Aktivitäten ebenfalls etwas herunter,
um so wenig Energie wie möglich zu verbrauchen. Sie sind
wahre Meister im Anlegen von Vorräten, mit deren Hilfe sie
gut durch den Winter kommen. Auch einige Vögel legen Vorräte an, wie zum Beispiel der Eichel- oder der Tannenhäher.
Die im Herbst versteckten Nüsse im Winter wiederzufinden,
ist übrigens eine erstaunliche Leistung. Und genau das klappt
auch nicht immer – manche Verstecke werden einfach vergessen oder nicht wiedergefunden. Das ist wiederum gut für die
Bäume, denn es hilft ihnen bei der Verbreitung des Nachwuch-

ses: Im Frühling können aus den an allen möglichen Orten versteckten Nüssen kleine Jungpflanzen austreiben.

Eine andere berühmte Vorratsmeisterin ist die Honigbiene – ihr Honigvorrat muss den ganzen Bienenstock im Winter ernähren. Wenn es mal kalt wird, fangen die Bienen an zu »zittern« und wärmen sich so gegenseitig. Die meisten unserer heimischen Wildbienen hingegen leben allein und gar nicht im Schwarm. Das Weibchen sucht sich im Herbst eine geschützte Stelle, zum Beispiel einen hohlen Pflanzenhalm oder eine Erdmulde im Boden, und legt dort ein Ei samt Pollen und Nektarvorrat hinein. Dann wird das Ganze verschlossen. Nach dem Schlüpfen verpuppen sich die Kleinen und warten auf das nächste Frühjahr, bis sie als erwachsene Bienen davonfliegen können.

Die nah verwandten Hummeln und Wespen bilden wie auch die Honigbiene Staaten (wie ja auch die Ameisen, über die wir schon gesprochen haben). Anders jedoch als bei der Honigbiene überwintert nicht der ganze Schwarm, sondern nur die Königin, der Rest der Gefolgschaft stirbt. Es wird also jedes Jahr ein »neues« Königreich gegründet. Die Königin hat in ihrem Honigmagen beachtliche Mengen an Pollen und Nektar eingelagert und kann davon zehren. Sieht man also sehr spät oder sehr früh im Jahr eine Hummel oder eine Wespe, so kann man davon ausgehen, dass man gerade die Ehre hatte, einer »königlichen Hoheit« zu begegnen.

Und wie sieht es bei den Tieren in und an unseren Gewässern aus? Wenn man ans Eisbaden im Winter denkt, glaubt man vielleicht zunächst, dass die im Wasser lebenden Tiere es am schwersten haben. Doch tatsächlich hat flüssiges Wasser einen großen Vorteil: Es kann nicht kälter werden als null Grad, denn darunter beginnt es zu frieren. An Land wiederum kann es bei uns im Extremfall auch mal 20 Grad unter null werden. Außerdem weht an Land mitunter ein beißender Wind, sodass man noch viel schneller auskühlt. Zudem hat Wasser eine ganz merkwürdige Eigenschaft: Bei vier Grad über null sind die Wassermoleküle am dichtesten gepackt. Dichter gepackte Stoffe sinken nach unten, und genau das passiert mit dem vier Grad kalten Seewasser. Das bedeutet, dass der See oben zwar zugefroren ist, sich tief unten aber eine relativ warme Schicht hält, und in dieser können Fische und andere Wasserbewohner überleben. Sie schwimmen am Grund des Sees oder des Flusses, suchen sich eine ruhige Stelle und dösen vor sich hin, um den Energieverbrauch und den Bedarf an Sauerstoff (den sie ja fürs Atmen brauchen) so klein wie möglich zu halten.

Manche Süßwasserfische, etwa die Schleie, graben sich sogar in den Boden ein. Ähnlich machen es viele Wasserinsekten, so überwintern einige Libellenlarven im Schlamm, und auch der Gelbrandkäfer sucht am Gewässerboden oder an Wasserpflanzen Schutz. Einige Frösche und Lurche graben sich ebenfalls am Gewässerboden ein. Da sie als erwachsene Tiere keine Kiemen haben, mit denen Fische Sauerstoff aus dem Wasser atmen, nehmen sie den Sauerstoff über die Haut auf.

Andere Amphibienarten suchen sich im Herbst am Gewässerrand ein schützendes Versteck unter Baumwurzeln und Steinen oder in der Erde. Dort fallen sie in eine Kältestarre und warten auf das nächste Frühjahr. Ganz ähnlich machen es auch Reptilien wie Schlangen und Eidechsen. Diese sind nämlich ebenfalls wechselwarm, was bedeutet, dass ihre Körpertemperatur mit der Außentemperatur steigt und fällt. Ist es draußen kalt, sind sie es selbst auch, und sie bewegen sich dann nur noch sehr träge und langsam. Deshalb ist ein gutes Versteck besonders wichtig.

Und wie kommen Vögel durch den Winter? Im Kapitel »Frieren Enten, wenn sie im kalten Wasser schwimmen?« haben wir ja bereits gelernt, dass Vögel auch ohne Schuhe keine kalten Füße bekommen. Es gibt viele Vogelarten, die dem Winter ausweichen, indem sie während des sogenannten Vogelzuges in warme Regionen fliegen. Da der Vogelzug so spannend ist, habe ich ihm in diesem Buch ein eigenes Kapitel gewidmet.

Was kann man tun, um Tieren im Winter zu helfen?

Jedes Tier hat seine eigene Art, mit dem Wechsel von Sommer und Winter umzugehen. Das bedeutet aber nicht, dass alle Tiere die kalte Jahreszeit auch überleben – einige Tiere schaffen es nicht und sterben im Winter. Wer einen Garten hat, kann jedoch eine Menge tun, um den Tieren bei der Überwinterung zu helfen.

Eine Möglichkeit ist, den Tieren zusätzliche Nahrung zur Verfügung zu stellen. Wer Vögeln im Winter etwas zum Fressen anbieten möchte, sollte Futtersilos aufstellen, bei denen die Vögel nicht wie im Vogelhäuschen im Futter herumlaufen und ins Futter koten können. Denn durch Kot können sie sich gegenseitig mit Krankheiten anstecken.

Außerdem sollte die Futterstelle an einem übersichtlichen Ort angebracht werden, damit sich keine Katzen auf die Lauer legen und sich die fressenden Vögel schnappen können. Arten wie Finken und Meisen mögen Sämereien, dafür gibt es fertige Körnermischungen. Andere Arten wie Amseln und Rotkehlchen lieben Trockenfrüchte wie Rosinen und fressen auch gerne Haferflocken. Wichtig ist, dass das Futter nicht schimmeln kann. Außerdem sollte man keine Meisenknödel in Plastiknetzen verwenden, da sich die fliegenden Gäste darin verheddern und verletzen können.

Wer Eichhörnchen beim Anlegen ihrer Vorräte unterstützen will, kann bereits im Herbst an höher gelegenen Stellen kleine Schüsseln mit Haselnüssen, Walnüssen und Sonnenblumenkernen anbieten, und zwar möglichst mit Schale, damit sie lange halten. Im Winter kann man die Schälchen weiterhin befüllen und Karotten- und Obststückchen dazulegen.

Igeln kann man im Herbst zuckerfreies Katzenfutter, hart gekochte Eier und frisches Wasser (keine Milch) hinstellen, damit sie sich Speck für den kommenden Winter anfressen können. Wird es kalt, sollte man damit aufhören, denn der dann aufkommende Hunger bringt die Igel dazu, in den nötigen Winterschlaf zu gehen. Sollte man einen hilfsbedürftigen Igel finden, kann man sich unter www.pro-igel.de sehr gut informieren.

Genauso wichtig wie eine Versorgung mit Nährstoffen ist ein passender Ruheort zum Überwintern. Igel, Mäuse und viele Insekten brauchen strukturreiche Gärten, um sich vor der Kälte zu schützen. Strukturreich ist hierbei genau das Gegenteil eines glatten, gepflegten Rasens, der von Zaun bis Zaun reicht. Vielmehr sollte man das Laub im Herbst nicht entsorgen, sondern in mehreren Ecken des Gartens zu Laubhaufen aufschichten. Laub isoliert gut und kann im Winter vie-

Der Eingang eines Igelhotels sollte acht bis zehn Zentimeter groß sein.
Nicht größer, um Störenfriede wie Katzen und Hunde fernzuhalten.

len Tieren helfen. Pflanzen, deren oberirdische Teile im Winter absterben, werden in dieser Zeit von vielen Insekten bewohnt. Wenn man die abgestorbenen Pflanzenteile abschneidet, gehen diese Bewohner meist zugrunde. Daher sollte man mit dem »Entsorgen« von abgestorbenen Stauden bis zum Frühling warten.

Zu einem strukturreichen Garten gehören auch Mauern aus Einzelsteinen und Steinhaufen. Diese bieten Reptilien und anderen Tieren Schutz und sehen zudem sehr schön aus. Überhaupt kann man bei der Gestaltung sehr kreativ sein – alte Blumentöpfe, die umgedreht und mit einem kleinen Eingang versehen werden, verwandeln sich genauso in eine Tierpension wie ein Haufen aus abgeschnittenen Ästen.

Doch nicht nur im Garten können wir etwas tun. Wer sich im winterlichen Wald allzu laut bewegt, schreckt Vögel und Säugetiere auf. Diese verbrauchen bei der Flucht dann jedes Mal zusätzliche Energie, und genau damit müssen sie im Winter eigentlich sparsam umgehen. Auch frei laufende Hunde können Stress bei den Waldbewohnern verursachen. Und so viel Spaß es vielleicht auch macht: Die Böllerei und das Feuerwerk an Silvester schrecken viele Tiere auf, die durch die Flucht und die Panik einiges von ihren Reserven verbrauchen, auch darauf sollte man also am besten verzichten.

Warum fliegen manche Vögel im Winter in den Süden und andere nicht?

▶▶ KURZANTWORT: Viele Vogelarten ziehen im Winter in den Süden, um bessere Überlebensbedingungen wie mildere Temperaturen, reichhaltigere Nahrungsquellen und bessere Möglichkeiten zur Fortpflanzung zu finden. Dieses Phänomen wird als Vogelzug bezeichnet. Es gibt jedoch auch Vogelarten, die im Winter in ihren Heimatgebieten bleiben. Diese Arten sind oft besser an die lokalen klimatischen Bedingungen und die verfügbaren Nahrungsquellen angepasst und können auch bei kaltem Wetter erfolgreich brüten und überleben.

Acht Teilnehmer und Teilnehmerinnen einer meiner Vogelexkursionen stehen mit mir auf einem matschigen Acker in der Lausitz, im Süden Brandenburgs. Die Scharen an Vögeln, die wir in den letzten zwei Stunden sehen durften, trösten uns über den grauen Himmel, den Nieselregen und die unter die Kapuze kriechende Kälte hinweg. Etwa 300 Meter vor uns liegt eine Senke mit einem kleinen Tümpel, drum herum stehen Hunderte Gänse: Graugänse, Kanadagänse, Saatgänse. Sie alle sind auf der Durchreise. In das Geschnatter, das zu uns

4

4

Ein Vogelschwarm flattert auf.

herüberweht, fragt die achtjährige Maja hinein: »Wieso fliegen die Gänse eigentlich im Winter weg? Weil bei uns im Garten sehe ich im Winter ja auch viele Vögel – Krähen und so zum Beispiel.« Lenny, unser Vogelguide, muss nicht lange überlegen, er hat sofort eine Antwort parat.

Im Vogelreich gibt es drei verschiedene Strategien, mit unserem Winter umzugehen, die auch viele Menschen in Mitteleuropa (mich eingeschlossen) verfolgen, wenn auch aus etwas anderen Gründen: daheimbleiben, in eine Nachbarregion reisen oder ganz weit weg ins Warme fliegen. Bei Vögeln ist nicht die Kälte der Hauptgrund dafür, dass sie vorübergehend aus unserer Gegend wegziehen – denn wie wir im Kapitel über die Enten ja bereits gesehen haben, sind Vögel im Allgemeinen ganz gut vor Kälte geschützt. Viel problematischer ist die Tatsache, dass es bei uns im Winter nicht ausreichend

Warum fliegen manche Vögel im Winter in den Süden und andere nicht? 149

Futter für die Tiere gibt. Denn dann ruhen die meisten Pflanzen – sie stellen ihre Aktivitäten mehr oder weniger ein, ziehen sich unter die Erde zurück oder sterben sogar ab. Obst, Nüsse und andere Samen sind meist bereits gefressen oder gehortet oder verschwinden zeitweise unter einer Schneedecke. Alle Tiere, die sich von Pflanzen ernähren, haben somit ein Problem, ebenso wie diejenigen, die wiederum diese Tiere als Nahrung brauchen.

Nahrungspyramide

In der Ökologie, einem Zweig der Biologie, der sich vor allem mit den Beziehungen der Lebewesen untereinander und mit der umgebenden Welt beschäftigt, fragt man sich unter anderem, wer wen oder was genau frisst und wer sich dadurch in welcher Abhängigkeit befindet. Das kann man in Form einer Pyramide darstellen, die man Nahrungspyramide nennt.

In jedem Ökosystem sieht die Pyramide anders aus, da ja an jedem Ort unterschiedliche Lebewesen vorkommen können. So unterscheidet sich eine Nahrungspyramide im Meer deutlich von jener in einem Tal im Himalaja. Auch kann sich die Pyramide innerhalb eines bestimmten Zeitraums verändern.

Ihre Basis machen die sogenannten Produzenten aus. Diese Funktion erfüllen meistens Pflanzen, es können aber auch winzig kleine Mikroben sein. Sie schaffen es, ohne andere Lebewesen Energie für ihre Zwecke umzuwandeln. Dafür brauchen sie eine Energiequelle, und das ist in den meisten Fällen die Sonne. In die Tiefsee reichen die Sonnenstrahlen nicht, doch auch hier gibt es Produzenten: Sie gewinnen

Die schematische Darstellung der Nahrungspyramide, die sowohl die Nahrungskette wie auch die Mengenverhältnisse zeigt. Die dritte Stufe der Raubtiere ist hier weiter unterteilt, da es innerhalb dieser Gruppe ebenfalls Räuber-Beute-Beziehungen gibt.

Energie mithilfe von heißen Quellen beziehungsweise heißem Wasser, das aus kaminartigen Schloten – sogenannten »Rauchern« – aus dem Boden sprudelt.

Die zweite Ebene der Pyramide wird meist von pflanzenfressenden Tieren besetzt. Diese ernähren sich von den Produzenten und gewinnen dadurch Energie und Nährstoffe, die sie zum Wachsen und Überleben brauchen.

Die oberste und dritte Stufe besteht aus den Raubtieren. Diese fressen wiederum die pflanzenfressenden Tiere der zweiten Stufe.

Alle drei Stufen sind wichtige Bestandteile des Ganzen. Gäbe es die Organismen der ersten Stufe nicht, könnten die

Tiere der oberen Stufen nicht existieren. Die Produzenten bilden sozusagen das Fundament, auf dem alles andere fußt. Die zweite Stufe lebt nicht nur von der ersten, sie sorgt auch dafür, dass die erste Stufe nicht überhandnimmt. Zu viele Pflanzenfresser würden wiederum dazu führen, dass zu viele Produzenten gefressen werden und die Basis der Pyramide wegbricht. Da kommt die dritte Stufe ins Spiel: Raubtiere regulieren den Bestand an Pflanzenfressern.

Der Hauptgrund für den Vogelzug ist also, dass im Winter nicht genug Nahrung für alle da ist. Es gibt Vögel, die sich mit der wenigen Nahrung, die es zu dieser Zeit gibt, arrangieren, so etwa der Eichelhäher, der sich bereits im Herbst Vorräte angelegt hat. Das sind sogenannte Standvögel, das heißt, sie bleiben an dem Ort, an dem sie im Frühling bereits gebrütet haben. Zu den klassischen Standvögeln zählt man zum Beispiel Amseln und Elstern. Da diese oft in Menschennähe vorkommen und es dort auch im Winter relativ viel Nahrung gibt, bleiben sie ganz einfach an Ort und Stelle.

Doch nicht alle Vögel können sich von Samen und Nüssen ernähren. Nicht wenige sind als Insektenfresser auf große Mengen von Krabbeltieren und Fluginsekten angewiesen. Während es im Winter bei uns hier und da noch Pflanzenteile und Früchte gibt, findet man jedoch so gut wie keine leicht erreichbaren Insekten mehr. Und nicht jeder ist ein Trommelkünstler wie der Specht! Gerade die Insektenfresser versuchen ihr Glück daher oft in anderen Gebieten, die meist im wärmeren Süden liegen. Dort finden sie auch im Winter noch reichlich Insekten.

Neben den Standvögeln gibt es solche Vögel, die als »Strichvögel« bezeichnet werden, da sie nur den Landstrich wechseln. Sie fliegen also in benachbarte Gebiete, suchen mal hier, mal dort nach Nahrung und kommen spätestens im Frühling wieder zurück ins ursprüngliche Brutgebiet.

Ungefähr zwei Drittel unserer Vogelarten sind Zugvögel. Die Tiere halten sich dabei jedoch nicht unbedingt an die Einteilungen, die wir vornehmen: So bleibt nicht jeder von uns als »Standvogel« bezeichnete Vogel im Winter an Ort und Stelle. Es gibt immer einen Anteil an Standvögeln, die in der kalten Jahreszeit woanders hinfliegen. Genauso ist es bei den Zugvögeln: Mehr als die Hälfte von ihnen sind »Teilzieher«. Das bedeutet, dass ein Teil der Gruppe als »echter« Zugvogel weit entfernte Gebiete aufsucht, ein anderer Teil dagegen einfach daheimbleibt, was einen großen Vorteil hat.

Man stelle sich einmal vor, jeder Einzelne der Millionen in Deutschland vorkommenden Hausrotschwänze würde zum Überwintern nach Nordafrika ziehen. Gäbe es dort dann gerade in diesem Jahr aufgrund einer extremen Dürre oder anderer Katastrophen so gut wie keine Nahrung, so würden alle Tiere verhungern, was im Extremfall sogar zum Aussterben führen könnte. Wenn aber ein Teil der Vögel zu Hause bleibt, setzen die Tiere als Gesamtpopulation nicht alles auf eine Karte.

Es ist schon erstaunlich, dass Graugänse es beispielsweise schaffen, von Norwegen bis nach Nordafrika zu fliegen. Dabei sind sie nicht nonstop unterwegs, sondern legen immer wieder Pausen zum Schlafen und Fressen ein. So kann man im Herbst Gänse und Kraniche beobachten, die während ihrer langen Reise in größeren Trupps auf unseren Feldern Rast machen, wie am eingangs erwähnten Tümpel in der Lausitz. Oft wird tagsüber geflogen und nachts pausiert, doch es gibt auch Vögel, die machen es genau andersherum. Es ist in jedem Fall ein wunderbares Schauspiel, wenn große Vögel wie Gänse oder Kraniche morgens in den Himmel steigen und dann kraftsparend hintereinander fliegen, angeordnet in einem V, oder Stare sich in großer Zahl auf Stromleitungen zu Schwärmen sammeln. Und nachts können wir vielleicht ihre Rufe hören, mit denen die Vögel auf ihren langen Wegen untereinander Kontakt halten.

Sind Elstern fies, weil sie die Küken anderer Vögel fressen?

▶▶ KURZANTWORT: Die hochintelligenten Elstern sind nicht »fies« oder »gemein«, wenn sie die Jungen anderer Vögel fressen. Sie tun das, um selbst zu überleben oder ihre eigenen Jungen zu füttern. Elstern haben als Allesfresser aber noch viele weitere Nahrungsquellen, so suchen sie häufig nach Insekten, Würmern, kleinen Säugetieren, Früchten, Samen, Nüssen und im städtischen Raum sogar nach Abfällen.

Es war ein ungewöhnlich warmer Frühlingstag, als ich mit einer befreundeten Abenteuerpädagogin und ihrer wöchentlichen Wald-Kindergruppe unterwegs sein durfte. Die Kinder waren aufgedreht, sprangen über Stock und Stein und freuten sich über die Bewegung an der frischen Luft und das Ende einer anstrengenden Schulwoche. Auf dem Rückweg beobachteten wir eine Elster in einem Schrebergarten, die sich an etwas zu schaffen machte. Nach kurzer Zeit erkannten wir, worauf sie einpickte und wovon sie sich immer wieder Stückchen abriss: Es war ein kleiner Jungvogel. Entrüstet meldete sich Theo zu Wort: »Gemeinheit! Das ist ja ein Vogelbaby. Kann die nicht was anderes fressen?«

Wir haben uns im vorangegangenen Kapitel ja bereits die Nahrungspyramide angeschaut. Zusammengefasst und stark vereinfacht kann man sagen, dass Pflanzen die Basis der Nahrungspyramide in der Natur bilden. Diese werden von den pflanzenfressenden Tieren aus der darüberliegenden Stufe gefressen. In der dritten Stufe gibt es dann Raubtiere, die sich wiederum von den Pflanzenfressern ernähren. Alle drei Stufen zusammen ergeben ein Ganzes und sind wichtig, sonst würde der jeweilige Lebensraum irgendwann einmal »überquellen«.

Wir Menschen empfinden es oft als »fies« oder »gemein«, wenn ein Tier ein anderes tötet, ganz besonders dann, wenn es sich um ein Jungtier handelt. Doch so hart es klingt: In der Natur sind die meisten Tiere bereits darauf eingestellt, dass nicht alle Nachkommen überleben werden. Deshalb haben über 99 Prozent aller Tierarten auch mehr als nur ein Kind. So legen Vögel immer mehrere Eier, Füchse bekommen auch mal zehn Junge, und manche Fische wie Aale legen sogar über eine Million Eier!

Es gibt Tiereltern, die sich um den Nachwuchs kümmern, wenn der noch in seiner frühen Wachstumsphase ist, andere legen einfach nur die Eier ab und überlassen sie sich selbst. Dabei kann man beobachten, dass Tiere mit wenigen Nachkommen eher bereit sind, ihre Brut zu pflegen, als Tiere, die sehr viele Kinder bekommen. Hier handelt es sich um zwei unterschiedliche Strategien: Die einen bekommen wenige Kinder und kümmern sich dann lange und intensiv um diese, damit zumindest eines davon überlebt. Die anderen setzen auf Masse statt Klasse und gehen davon aus, dass wenigstens eine Handvoll der Nachkommen es bis ins Erwachsenenalter schafft.

Aber sind Tiere nun böse, wenn sie andere Tiere fressen? Wörter wie »gut« und »böse« kann man im Tierreich eigentlich nicht anwenden. Und auch wenn man einen Menschen so bezeichnet, muss man sehr aufpassen. Zwar gibt es Handlungen, welche die meisten Menschen als »böse« bewerten, Straftaten eben, aber nicht immer sind die Unterscheidungen einfach zu treffen. Wenn ich meinen Bruder haue, weil er mir ein Stück Schokolade weggenommen und genüsslich gegessen hat, nachdem ich ihn vorher geärgert hatte – wer ist dann böse? Unter Menschen wird im Grunde oft neu bewertet und ausgehandelt, was gut und was böse ist. Manche Dinge, die früher verboten waren, sind heute erlaubt, und umgekehrt. So ist es noch gar nicht lange her, dass es bei uns in Deutschland verboten war, dass zwei Männer oder zwei Frauen ein Liebespaar bilden. Das kann man sich kaum vorstellen, oder? Und selten gibt es nur Schwarz oder Weiß, sondern unendlich viele verschiedene Grautöne.

Die Natur kennt jedenfalls kein Gut oder Böse. Manche sagen, alles habe in der Natur einen Sinn, wofür ich einmal ein Beispiel geben will: Ein Mäusebussard fängt eine Maus und tötet sie dabei. Mit dieser Maus fliegt er nun davon, und als er gerade einen kleinen Teich überquert, rutscht ihm die Maus aus den Krallen und fällt ins Wasser.

Nun könnte man sagen, dass es sich um einen sinnlosen Tod handelt, da der Greifvogel ja die getötete Beute gar nicht mehr verwerten kann. Doch schaut man sich die Natur als Ganzes an und »zoomt« etwas aus diesem Bild heraus, erkennt man, dass eigentlich nichts in der Natur »verloren« gehen kann. Denn das Wasser steckt ja ebenfalls voller Leben, das sich nun über den auf den Teichgrund herabsinkenden Mäusekadaver hermachen kann. Da gibt es kleine Krebse, die anfangen, von dem Kadaver zu fressen, der eine oder andere Fisch beißt sich einen Anteil heraus, ein Gelbrandkäfer aus der Familie der Schwimmkäfer findet hier tagelang Nahrung, und sogar eine Spitzschlammschnecke wird von dem Blutgeruch angezogen. Ganz abgesehen von den Abermillionen Mikroorganismen, die die letzte Stufe der Verwertungskette bilden. Alles wird in der Natur irgendwie verwertet.

Die Elstern, die in Europa, Asien und Nordafrika leben und ein auffälliges schwarz und weiß gefärbtes Federkleid besitzen, sind also nicht fies, wenn sie sich über ein Vogelküken hermachen. Elstern gehören zu den Rabenvögeln, und diese Vogelfamilie ist für ihre Intelligenz bekannt. Tatsächlich werden immer wieder Rabenvögel dabei beobachtet, wie sie schwierige Probleme sehr geschickt und klug lösen. So warfen Saatkrähen beispielsweise in einem Experiment Steine in einen mit Wasser gefüllten Topf, damit sich der Wasserspiegel hob und sie besser an ein im Wasser schwimmendes Insekt rankamen. Auch ich beobachte regelmäßig Krähen, die Haselnüsse auf die Straße werfen und warten, bis ein Auto darübergefahren ist, um danach die frisch geknackten Nüsse einzusammeln. Elstern gehören sogar zu den allerklügsten Rabenvögeln. So sind sie eine der wenigen Tierarten, die sich selbst im Spiegel erkennt. Das hat man mithilfe des sogenannten Spiegeltests herausgefunden. Dafür hat man Elstern unbemerkt einen roten Farbfleck an die Kehle getupft. Hat man sie später vor einen Spiegel gesetzt, haben sie versucht, diesen Fleck bei sich selbst abzuputzen. Was ihre Nahrung angeht, sind Elstern nicht sonderlich wählerisch. Sie fressen Insekten, Spinnen, Würmer, Aas,

Ein auffälliges Federkleid und sehr intelligent: die Elster

Schnecken, kleine Eidechsen, Mäuse, Früchte, Samen, Eier und ab und zu ein Vogeljunges. Und gerade Letzteres hat ohne Grund zu ihrem schlechten Ruf geführt. So lesen Menschen vielleicht in der Zeitung, dass es immer weniger Vögel gibt. Wenn sie dann sehen, dass eine Elster in einem fremden Nest ein Ei frisst, ziehen sie fälschlicherweise eine Verbindung zu dem, was sie über den Artenschwund gelesen haben, und machen die Elster dafür (mit)verantwortlich.

Dabei haben vor allem wir Menschen es zu verantworten, dass es vielen Vogelarten schlecht geht. In den letzten Jahrzehnten wurden Gärten zunehmend so tierunfreundlich gestaltet, dass dort auch Vögel keine Nahrung und keinen Unterschlupf mehr finden. Außerdem bauen wir Menschen immer mehr Häuser und Autobahnen, für die dann natürliche Flächen weichen müssen. Auch die intensive Land- und Forstwirtschaft trägt zum Artenschwund bei, genauso wie der menschengemachte Klimawandel. Die Elster frisst dagegen nur, um zu überleben und ihre Jungen zu versorgen. Und das in einem so geringen Umfang, dass auch die Auswirkungen verschwindend gering sind. Kurz: Die Elster ist Teil eines natürlichen Systems und keineswegs für den Rückgang einiger Vogelarten verantwortlich. Da sollten wir uns besser an den eigenen Schnabel fassen.

Auch anderen Tieren wird zumeist unbegründet ein schädlicher Einfluss auf die Umwelt unterstellt, zum Beispiel dem Biber. So bin ich vor einigen Jahren an einem Waldsee in der Nähe von Chorin in Brandenburg spazieren gegangen, wo seit über zehn Jahren Biber aktiv sind und in Ufernähe bereits einige Bäume gefällt haben. Anerkennend habe ich mir die zum Teil sehr dicken Stümpfe angeschaut und überlegt, wie lange ein Biber wohl für das Fällen so eines mächtigen Baumes braucht, so ganz ohne Werkzeug. Da hörte ich von Weitem einen Mann fluchend näher kommen. Als er bei mir angelangt war, sah ich, dass er einen kleinen Jungen an der Hand hielt.

»Dieses Mistvieh!«, schimpfte der Mann. »Abknallen sollte man den Biber. Da hilft nur Dauerfeuer!« Als ich ihn fragte, was ihn so wütend mache, erklärte er mir, dass er in der Nähe wohne und man wegen des Bibers kaum noch am See spazieren gehen könne. Dieser habe viele Bäume gefällt und die Landschaft verschandelt. Der Mann war der Meinung, der Biber würde die ganze Natur kaputt machen, und die Leidtragenden seien vor allem die Bäume und Spaziergänger wie er. Als ich zur Verteidigung des Bibers ansetzen wollte, winkte er nur ab, stapfte schimpfend weiter und zog den kleinen Jungen dabei hinter sich her. Ich konnte den Ärger des Mannes zum Teil verstehen, in einigen Punkten hatte er aber einfach nicht recht.

Der Europäische Biber ist unser größtes Nagetier und war bei uns in Europa im 20. Jahrhundert fast ausgerottet, weil die Menschen früher gern sein Fell für Kleidung verwendet haben. Ende des Jahrhunderts haben sich die Bestände allmählich erholt, und heute können wir uns über mehr als 30 000 Biber in Deutschland freuen.

Biber sind wahre Baumeister und können eine Landschaft ganz schön verändern. Sie fällen aus zweierlei Gründen Bäume: zum Fressen und zum Bauen. Von Frühling bis Herbst fressen Biber als reine Vegetarier Kräuter sowie Blätter, Knospen und Rinde von Bäumen. Sie haben einen vergrößerten Blinddarm und können Cellulose und andere Stoffe mithilfe von Bakterien gut verwerten. Im blätterlosen Winter halten Biber keinen Winterschlaf, sondern sind weiterhin sehr aktiv. Damit sie genügend Nahrung zu sich nehmen können, fällen sie Bäume und nagen die Rinde und die nach der Fällung am Boden liegenden Zweige samt Knospen ab.

Um sich und ihren Nachwuchs vor Feinden wie Wölfen, Bären und Menschen zu schützen, legen sich Biber mit dem gewonnenen Holz zudem Biberbaue an. Dafür graben die Tiere am Ufer eines Gewässers Röhren in Richtung Land, die in einer Art »Wohnzimmer« münden, das etwas oberhalb des Wassers, aber noch unter der Erde liegt. Dann fällen sie kleine Bäume, sammeln Äste und schichten diese zu einem Haufen oberhalb des Baus auf. Ihre Bauten passen die Biber dabei den Bedingungen in der Umgebung an, es gibt also verschiedene »Baustile«. Wichtig ist, dass der Eingang zum sogenannten Wohnkessel unterhalb des Wassers liegt, sodass man ihn nur tauchend erreichen kann. Übrigens haben Biber oft WG-Mitbewohner: Nicht selten gesellen sich Bisamratten oder Ringelnattern zu ihnen.

Sollte der Wasserspiegel insgesamt zu niedrig sein und der Eingang zum Wohnkessel oberhalb des Wassers liegen, muss gehandelt werden. Also baut der Biber einen Damm und staut das Wasser auf. Solche Staudämme in Bächen oder kleineren Flüssen führen dazu, dass Teile der Umgebung dauerhaft unter Wasser stehen, die zuvor noch trocken waren. Viele Baumarten kommen nicht damit zurecht, dass sie ständig im Wasser stehen, und sterben ab. Zum Teil bilden sich feuchte Lichtungen.

Die durch den Biber gemachte Landschaft sieht auf den ersten Blick sehr wild aus: abgestorbene Bäume, kreuz und quer liegende Baumstämme, Wasser auf Wiesen, wo vorher keines war. Doch Biologinnen und Biologen sind sich einig: Die Artenvielfalt ist in diesen neuartigen Landschaften in den allermeisten Fällen höher als vorher.

Für viele Insekten, Fische und Amphibien sind wasserreiche Stellen lebensnotwendig. Und gerade diese Tiere finden in unseren heutigen Wäldern viel zu wenige passende Lebensräume. Man kann also sagen, dass der Biber beim Naturschutz hilft. Eigentlich müssten wir ihm sogar danken: Wenn wir für diese Umgestaltung Firmen beauftragen müssten, würde uns das Millionen, wenn nicht sogar Milliarden Euro kosten. Der Biber dagegen macht das ganz umsonst.

In seltenen Fällen kann es vertretbar sein, Biber an ihrer Arbeit zu hindern, da sie Schutzdämme schädigen können, die ganze Landschaften davor bewahren sollen, überschwemmt zu werden. Oder sie untergraben Straßen in Siedlungsnähe derart, dass diese einzubrechen drohen. Damit keine Menschen und Tiere zu Schaden kommen, werden die Nager in solchen Fällen daran gehindert, aktiv zu sein. Sie werden dann entweder gefangen und in andere Gegenden gefahren oder, wenn es gar nicht anders geht, auch geschossen.

Neobiota

Wir sehen also, dass Elstern und Biber keinen negativen Einfluss auf unsere Natur haben, ganz im Gegenteil. Doch gibt es auch Tier- oder Pflanzenarten, die unseren Ökosystemen schaden?

Wenn man von Neobiota spricht, meint man meist Tiere und Pflanzen, die in einem bestimmten Gebiet nicht ursprünglich vorkommen, sondern vom Menschen dort eingeführt wurden und sich nun verbreiten. Manchmal werden sie auch als »Neubürger« bezeichnet. Viele Menschen glauben, dass Neobiota automatisch schlecht für die Natur sind, weil sie die heimischen Arten verdrängen und so das natürliche »Gefüge« schädigen. Doch das stimmt nicht in allen Fällen.

Wenn man sich lange Zeiträume ansieht, fällt auf, dass Tiere und Pflanzen immer versuchen, sich den aktuellen Bedingungen anzupassen. Alles ist in der Natur im Wandel. So gab es in der letzten Kaltzeit bei uns Mammuts und Wollnashörner, die perfekt an die kalte Steppe angepasst waren. Noch weiter davor, in der Eem-Warmzeit, lebten bei uns Nilpferde und Waldelefanten. Das ist schon viele Tausend Jahre her, aber dennoch: Tiere, die wir außerhalb von Zoos nicht unbe-

dingt mit Deutschland in Verbindung bringen, waren einmal
bei uns heimisch. Es stellt sich also die Frage, wann eine Art
ein Neubürger ist und wann sie zu unserer Natur »gehört«.

Wissenschaftler und Wissenschaftlerinnen lieben klare
Kategorien. Also wurde festgelegt, dass alle Arten, die sich
nach dem Jahr 1492 bei uns angesiedelt haben, als Neobiota
bezeichnet werden. Doch warum wurde genau diese Jahres-
zahl gewählt?

1492 hat der Seefahrer Christoph Kolumbus die erste seiner vier Entdeckungsfahrten gemacht, bei denen er auf die
karibischen Inseln und den amerikanischen Kontinent stieß.
Danach kam es zu Handel mit dem »Neue Welt« genannten
Kontinent und zur Einführung amerikanischer Tier- und Pflanzenarten in Europa. Lange davor gab es bereits Handel mit
Afrika und Asien, und auch von dort wurden schon viele Arten
nach Europa gebracht. Das Datum ist also etwas willkürlich,
aber wie gesagt, Biologen und Biologinnen ordnen die Welt
gern in klar getrennte Schubladen.

Die meisten »Neubürger« schaden unserer Natur nicht.
Viele haben kaum einen Einfluss auf die heimischen Arten,
andere können sogar positiv wirken. So können sie zum Beispiel Lücken füllen, die wir Menschen in unsere Ökosysteme
geschlagen haben. Der aus China eingeführte Sommerflie-
der zum Beispiel ernährt im Spätsommer viele Insekten, die
bei uns in dieser Zeit sonst nur noch wenig Nahrung finden
würden.

Doch es gibt auch Neobiota, die gerade im Naturschutz
nicht gerne gesehen sind. Solche sogenannten invasiven
Arten, »Eindringlinge«, nehmen große Gebiete in Besitz und
können dabei alle anderen Arten verdrängen. So kann sich an

manchen Ufern der Japanische Staudenknöterich derart verbreiten, dass hier kaum noch andere Pflanzenarten wachsen
können. Auch der Graskarpfen, der in den 1960er-Jahren bei
uns ausgesetzt wurde, sorgt dafür, dass die Artenvielfalt in
den betroffenen Gewässern zurückgeht. Doch das sind Ein-
zelfälle. Die Mehrheit der Neobiota verbreitet sich nicht so
stark, sodass sich auch die negativen Auswirkungen in Grenzen halten.

Kann man im Moor versinken?

▶▶ KURZANTWORT: Im Alltag werden die Wörter »Sumpf«
und »Moor« oft für dasselbe verwendet: eine schlammige,
feuchte Wasserfläche ohne Bäume oder Sträucher. Ökologinnen und Ökologen unterscheiden dagegen nicht nur zwischen Moor und Sumpf, sondern auch zwischen verschiedenen Moortypen. Die Vorstellung, langsam in ein Moor
hineinzusinken oder sogar nach unten gezogen zu werden,
entspricht dabei nicht der Realität. Eine Gefahr besteht
höchstens, wenn man aus Versehen in das Wasser gerät
und auskühlt.

Tamina, eine gute Freundin von mir, ist passionierte Erlebnis-
pädagogin und bietet wöchentlich Waldnachmittage für Kinder an. Vor Kurzem wurde ihr dabei von einem Kind die Frage
gestellt, ob man im Moor versinken kann. Vielleicht hatte
es eine unheimliche Geschichte gehört oder einen genauso
unheimlichen Film gesehen, der zeigt, wie zuletzt ein in die
Luft gestreckter Arm aus dem moorigen Wasser ragt. Aber
kann so etwas wirklich passieren?

Moore haben etwas Mystisches, manchmal gruselt es einen
sogar, wenn man an eine Moorlandschaft denkt. Das liegt zum
einen sicherlich an Filmen und anderen Medien, die Moore mit

Vollmondnächten, Nebelschwaden und den schaurigen Rufen von Eulen in Verbindung bringen. Zum anderen wissen viele Menschen recht wenig über Moore, und unbekannte Dinge machen nun einmal oft Angst. Dazu gibt es Berichte über Menschen, die im Moor versunken sein sollen, oder es wird über Mordopfer berichtet, die dort hineingeworfen wurden. Doch was steckt dahinter? Und was ist eigentlich der Unterschied zwischen Moor und Sumpf?

In der Alltagssprache wird nicht zwischen Moor und Sumpf unterschieden, hier meint man oft dasselbe: ein feuchtes, unwirtliches und schlammiges Gelände in der Natur ohne größere Pflanzen wie Büsche oder Bäume. Doch in den Geowissenschaften und der Biologie haben Moore und Sümpfe eine andere Bedeutung und werden auch voneinander abgegrenzt.

Moore

Noch zur Zeit der Germanen, also vor 2000 Jahren, war die Fläche des heutigen Deutschlands zu über fünf Prozent mit Mooren bedeckt. Wären die vielen kleinen und verteilten Moore ein einziges großes Moor gewesen, hätte dieses dieselbe Fläche besessen wie das gesamte Bundesland Thüringen. Um sich das besser vorstellen zu können, kann vielleicht folgendes Rechenbeispiel helfen: Um einmal komplett drum herumzulaufen, hätte man über 400 Kilometer zurücklegen müssen, was über 100 Stunden Laufzeit bedeutet!

Unsere heutigen Moore haben sich nach dem Ende der letzten Kaltzeit gebildet. Nachdem die Gletscher große Mulden in die Landschaft geschoben hatten und das Eis nach der Wiedererwärmung geschmolzen ist, sind Seen und an manchen Stellen Moore zurückgeblieben. Moore sind immer nass und trocknen im Gegensatz zu Sümpfen nie aus. Tun sie es doch, sind es keine echten Moore mehr. Das Besondere an Mooren ist der sogenannte Torf, der aus nicht vollständig zersetzten Pflanzenteilen wie Blättern, Wurzeln und Ästen besteht, die auf den Moorboden gesunken sind oder dauerhaft mit Wasser überdeckt wurden.

Torf

Im Moor gibt es kaum Sauerstoff im Wasser, der jedoch nötig ist, damit Bakterien Pflanzenreste verwerten können. Pflanzenreste vermodern im Moor also nicht oder nur zum Teil und türmen sich dadurch am Boden immer weiter auf. Zusammen mit Wasser und Schlamm bilden die nur unvollständig zersetzten Pflanzenreste den sogenannten Torf.

Durch den zunehmenden Druck wird die Torfschicht immer stärker zusammengepresst. Nach Tausenden von Jahren kann sich Torf dann sogar in Kohle verwandeln. Die Menschen in der Bronzezeit, also vor über 4000 Jahren, haben bereits erkannt, dass Torf brennbar ist, und haben ihn gesammelt.

Vor ungefähr 200 Jahren hat man dann vor allem in Norddeutschland, vereinzelt aber auch im Voralpenland damit begonnen, Torf in großem Stil abzubauen, um damit Häuser und Brennöfen zu heizen. Man hob Gräben aus, durch die das Wasser ablaufen konnte, und hat so die Moore entwässert. Dann wurde der Torf »abgestochen« und zum Trocknen wie Ziegel aufeinandergeschichtet. Weil durch die Torfgewinnung in den

meisten Fällen Moore zerstört werden, sollte man heutzutage
auf den Abbau von Torf verzichten. Leider wird es in vielen
Ländern trotzdem noch gemacht, und dieser Torf wird auch
bei uns Blumenerden beigemischt. Am besten kauft man also
Blumenerde ohne Torf.

Moorexperten und -expertinnen grenzen verschiedene Moortypen voneinander ab, je nachdem, woher das Wasser des
Moores kommt.

Hochmoore werden auch Regenmoore genannt und erhalten ihr Wasser fast ausschließlich durch Niederschläge,
also durch Regen und Schnee. Sie haben ihren Namen daher,
dass sie durch die zunehmende Torfschicht immer weiter in
die Höhe wachsen und sich sogar etwas wölben. Hochmoore
haben wenig Nährstoffe zu bieten. Daher können hier nur
Tiere und Pflanzen leben, die mit diesen schwierigen Bedingungen gut zurechtkommen. Meistens sind das dann Arten,
die eher selten und somit geschützt sind wie der Sonnentau.
Der Torf besteht im Hochmoor hauptsächlich aus Torfmoo-
sen, die das Wasser wie ein Schwamm im Moor halten.

Daneben gibt es die **Niedermoore**, die ihr Wasser hauptsächlich von unten oder von der Seite, also durch das Grundwasser oder von einem nebenliegenden See oder Fluss, bekommen. Im Gegensatz zum Hochmoor sind im Wasser der
Niedermoore viele Nährstoffe enthalten, die durch den Was-
serzugang immer wieder »nachgeliefert« werden. Hier gibt es
zwar mehr Arten als im Hochmoor, dafür sind jedoch nicht
ganz so viele Arten darunter, die so stark spezialisiert sind,
dass sie fast nur dort vorkommen.

Querschnitt eines Hochmoores mit den über lange Zeit gewachsenen Torfschichten

Querschnitt eines Niedermoores mit Wasserzufluss aus der Umgebung

Wenn man von **Zwischenmooren** spricht, meint man damit Moore, die beide Typen vereinen und sich nicht so recht einem zuordnen lassen, da sie viel Wasser von unten und von oben erhalten.

Aus demselben Grund, aus dem Pflanzenreste im Moor kaum vermodern, kann man darin manchmal auch Tier- oder Menschenkörper finden, die zum Teil seit über 1000 Jahren dort liegen. Das hat Archäologen und Paläontologen, also Wissenschaftler und Wissenschaftlerinnen, die sich mit Menschen und ihrer Kultur sowie mit Tieren, Pflanzen und den Lebensräumen

der Vergangenheit beschäftigen, viele wertvolle Hinweise gelie-
fert. So hat man jahrtausendealte Moorleichen gefunden, die
kaum verwest waren, sodass Haut samt Tätowierungen, Haaren
und vielem mehr erhalten geblieben ist, die normalerweise und
außerhalb von Mooren sehr schnell abgebaut wird.

Sümpfe

Während Moore immer nass sind, können Sümpfe im Som-
mer auch mal komplett trocken sein. Dadurch gelangt wieder
Luft an die toten Pflanzen, und die Pflanzenreste können ab-
gebaut werden – es entsteht also auch kein Torf, wie es in den
Mooren der Fall ist. Sümpfe findet man natürlicherweise am
Ufer von Seen und Flüssen, und sie sind ziemlich schlammig.
Hier gibt es Tiere und Pflanzen, die sich an diesen speziellen
Lebensraum angepasst haben, wie die Sumpfschwertlilie oder
Sumpfschildkröten. Manchmal ist es gar nicht so einfach, zwi-
schen Moor und Sumpf zu unterscheiden.

Und kann man nun in Mooren und Sümpfen versinken?
   Beginnen wir einmal mit den Mooren. Hier wurden über
die Jahrhunderte hinweg viele Moorleichen gefunden. Diese
sind jedoch keinesfalls alle im Moor ertrunken. Ein Teil der
sogenannten »Moorleichen« waren vielmehr bereits tot, als
sie ins Moor gebracht wurden. Vermutlich hat man sie hier
bestattet, was zeitweise vielleicht eine »normale« Bestattungs-
form war wie heute das Verbrennen oder das Begraben der
Verstorbenen auf Friedhöfen. Andere wurden wahrscheinlich im Kampf oder als Bestrafung in der Nähe des Moores

getötet und dann ins Moor geworfen. Nur bei wenigen Moorleichen vermutet man, dass die Menschen dort ertrunken
sind.

Natürlich sind Moore schwierig zu durchqueren, aber die
Menschen waren auch früher schon klug und einfallsreich und
kannten sichere Wege. In einem sehr großen Moor könnte man
sich jedoch verirren, und wenn man dann völlig durchnässt in
einer kalten Nacht durch ein Moor irrt, kann man durchaus
erfrieren. Und hier liegt auch die größte Gefahr, die von den
Mooren für uns ausgeht.

Dass man in einem Moor ertrinkt oder sogar nach unten gezogen wird, ist aber unwahrscheinlich. Zumeist sind die Moore
auch nicht sonderlich tief, sodass man dort in der Regel stehen
kann. Eine Gefahr kann aber von sogenannten Schwingrasen
ausgehen. Dabei handelt es sich um auf dem Wasser schwim-
mende Grasflächen, die einem den Eindruck vermitteln, man
befinde sich auf festem Boden. An solchen Stellen kann man
einbrechen, jedoch hat man hier die Möglichkeit, sich am Gras
herauszuziehen.

Zwar ist Moorschlamm dichter als unser Körper, und wir
würden nach oben gedrückt werden, wenn wir ins Moor ein
sinken, jedoch kann es passieren, dass man mit den Füßen im
Schlamm stecken bleibt. Und dann kommt man im schlimmsten Fall nicht aus eigener Kraft wieder los und läuft Gefahr zu
erfrieren.

Auch in schlammigen Sümpfen kann man stecken bleiben
und über die Nacht auskühlen, was im schlimmsten Fall zum
Tod führen könnte.

Auch wenn sie uns vielleicht unzugänglich und gefährlich vorkommen: Moore sind ganz besondere Lebensräume

und unbedingt schützenswert. Es gibt Tiere und Pflanzen, die nur in Mooren leben können – verschwindet dieser Lebensraum, sind damit auch diese Arten für immer weg. Beispiele für solche gefährdeten Arten sind der Hochmoorbläuling (ein Schmetterling) oder der Sonnentau (eine »fleischfressende« Pflanze). Leider haben wir in den letzten 200 Jahren knapp 95 Prozent der Moore zerstört, um Flächen für die Landwirtschaft zu gewinnen oder Torf abzubauen. Heutzutage bemühen sich viele Menschen, Moore zu »renaturieren«, was bedeutet, dass man sie wieder dauernass werden lässt. Moore haben extrem wichtige Eigenschaften: So sind sie sehr gute Kohlenstoffspeicher und können uns im Kampf gegen die Klimaerwärmung sehr helfen, was wiederum allen anderen Lebewesen nützt. Wenn man Moore schützen möchte, sollte man darauf achten, torffreie Blumenerde zu kaufen. Außerdem gibt es viele Naturschutzaktionen, bei denen man mithelfen kann, diese wertvollen Lebensräume zu erhalten.

Wie leben eigentlich Pilze?

▶▶ KURZANTWORT: Pilze sind eine vielseitige Gruppe von Organismen, die unter anderem Ständerpilze wie Champignons,
aber auch parasitäre und nur mit dem Mikroskop erkenn-
bare Formen umfasst. Pilze leben meist als ein unterirdi-
sches Netzwerk von Zellen, dem Myzel, und bilden nur kurz-
lebige Fruchtkörper zur Sporenverbreitung. Diese werden
dann gerne im Herbst als »Pilze« gesammelt. Pilze erfüllen
wichtige Funktionen im Ökosystem, wie die Zersetzung von
totem Material, und gehen Verbindungen mit Pflanzen ein.

Die Sonne ist schon vor einigen Stunden untergegangen, und
die Oktobernacht ist auffällig feucht und kühl. Ich mag es sehr,
nachts durch den Wald zu stapfen – man hört und sieht Tiere,
die man sonst nicht zu Gesicht bekommt, und im Licht der
Kopflampe sieht der Wald viel naturnäher und weniger nach
Wirtschaftswald aus als tagsüber. Meine wasserdichte Regenhose erlaubt es mir, mich auf den Waldboden zu legen und eine
andere Perspektive einzunehmen. Im Schein meiner Kopflampe tut sich eine eindrucksvolle Kulisse auf: So auf einer
Ebene mit dem Erdboden sehe ich plötzlich, dass aus dem
Laub Hunderte kleiner Pilzköpfe ragen, die von oben kaum
zu sehen waren. Was sind das nur für merkwürdige Wesen!

Pilze haben Menschen wahrscheinlich schon immer fasziniert: So kommen oder gehen sie manchmal über Nacht, manche wachsen an Orten, an die kein Licht kommt, und einige
Arten haben halluzinogene Wirkungen, führen also, wenn
man sie verspeist, zu einer veränderten Wahrnehmung. Pilze
sind allgegenwärtig – ohne sie gäbe es kein Bier und keinen
Hefezopf, auch die Entdeckung von Medikamenten wie den
Antibiotika hat mit Pilzen zu tun –, gleichzeitig wirken sie auf
die meisten Menschen eher fremd. Das liegt wohl unter anderem daran, dass viele Pilze im Verborgenen leben und nur zu
bestimmten Zeiten sichtbar werden.

Wenn wir über Pilze sprechen, meinen wir damit zumeist
essbare und giftige Ständerpilze wie Champignons, Fliegen-
pilze oder Pfifferlinge. Dabei ist das nur ein kleiner Teil einer
riesigen Gruppe von Lebewesen – Systematiker (Biologen und
Biologinnen, die sich damit beschäftigen, welche Lebewesen
untereinander näher und entfernter verwandt sind) unterteilen das »Reich« der Pilze in zahlreiche Untergruppen.

In einigen dieser Gruppen bestehen die Pilze dabei nur aus
einer einzelnen Zelle und sind so winzig, dass man sie ohne
Mikroskop überhaupt nicht sehen kann. Viele davon leben in
Tieren: So gibt es zum Beispiel Pilze, die im Pansen von Wie-
derkäuern wie Kühen leben und bei der Verdauung helfen.
Andere wiederum werden als Parasiten bezeichnet, weil die
Tiere, Pflanzen oder andere Pilze, in denen sie leben, keinen
Nutzen von ihrer Anwesenheit haben, sondern im Extremfall
sogar krank durch sie werden.

Daneben gibt es noch zwei große Gruppen, mit denen
wahrscheinlich alle Menschen im Laufe ihres Lebens mindestens einmal in Kontakt kommen: die schon erwähnten Stän-

derpilze und die Schlauchpilze. Der Name »Schlauchpilze« kann etwas verwirrend sein, denn das Aussehen dieser Pilze ist nur selten schlauchartig. Der Name bezieht sich vielmehr auf winzige längliche Gebilde, die sogenannten Asci. In diesen Fortpflanzungsorganen werden die winzigen Pilzsporen produziert, bevor sie dann nach der Reife in die Umgebung abgegeben werden.

Schlauchpilze können extrem verschieden aussehen, und nur durch genetische Untersuchungen weiß man heute, dass sie miteinander verwandt sind. So gehört die Bäckerhefe genauso dazu wie viele Schimmelpilze, aber auch die als Nahrung begehrten Morcheln und Trüffeln oder die zumeist giftigen Lorcheln werden zu den Schlauchpilzen gezählt. Wie so oft fällt hierbei auf, dass Lebewesen sich nicht unbedingt ähnlich sehen müssen, um miteinander verwandt zu sein – genauso wie das umgekehrt der Fall sein kann.

Daneben gibt es noch die große Gruppe der »Ständerpilze«. Auch hier könnte man zunächst glauben, der Name beziehe sich auf die Pilzstiele, auf denen dann meistens ein Hut sitzt, wie bei den Champignons oder dem auffälligen Fliegenpilz. Doch hier ist wieder die winzige Struktur gemeint, die die Sporen produziert – in diesem Fall sieht sie nur eben nicht schlauchartig aus, sondern ständerartig. Zu den Ständerpilzen gehören viele bekannte Speisepilze wie Champignons und Steinpilze, aber auch giftige Arten wie die Knollenblätterpilze.

Das, was Pilze eigentlich sind, ist nicht unbedingt das, was wir sehen. Wenn wir eine Tulpe mitsamt der Zwiebel ausgraben, halten wir ein Pflanzenindividuum in den Händen. Dreht man hingegen einen Steinpilz aus dem Erdboden, handelt es sich nur um einen winzigen Teil des eigentlichen Individuums.

Dieser auch Fruchtkörper genannte Teil hat nur eine kurze Lebensdauer: Er wächst sehr schnell, besteht meist nur wenige Tage und geht dann rasch wieder zugrunde. Der eigentliche Steinpilz lebt unter der Erdoberfläche in Form eines Pilzgeflechts, des Myzels. Ganz feine Fäden aus Zellen durchziehen im Rest des Jahres die Erde und zersetzen abgestorbene Teile von anderen Lebewesen. Viele Pilzarten gehen dabei eine sogenannte Mykorrhiza, eine Art Lebensgemeinschaft mit Pflanzen, ein.

Mykorrhiza

Mykorrhiza ist eine besondere Art der Beziehung zwischen Pilzen und Pflanzen, die sehr eng und wichtig ist. Dabei bildet der Pilz feine Fäden, die sich um die Wurzeln der Pflanze legen und sich miteinander verweben. Die Pflanze gibt dem Pilz dabei einen Teil des von ihr produzierten Zuckers ab, und der Pilz liefert der Pflanze im Gegenzug wichtige Nährstoffe wie Phosphor und Stickstoff aus dem Boden, die die Pflanze allein nicht so gut aufnehmen kann. Außerdem kann sie auf diese Weise mehr Wasser aus dem Boden ziehen.

So profitieren sowohl die Pflanze als auch der Pilz von dieser Zusammenarbeit, beide können besser wachsen und gedeihen. Manche Menschen sind der Meinung, dass Pflanzen über diese Verbindung mithilfe der Pilze mit anderen Pflanzen kommunizieren und sich darüber beispielsweise gegenseitig warnen können, wenn sie von Schädlingen befallen sind. Das ist aber in der Wissenschaft noch sehr umstritten – man weiß also noch nicht, ob das wirklich stimmt.

Nur für eine ganz kurze Zeit – und auch nur, wenn die Bedingungen passen – bildet der Pilz einen Fruchtkörper. Dieser dient hauptsächlich dem einen Zweck: der Vermehrung. Damit die Nachkommen des Pilzindividuums weiter entfernte Orte erreichen können, muss der Pilz auf die Verbreitung durch Sporen setzen, die vom Wind weggetragen werden. Damit der Wind die Sporen so weit wie möglich forttragen kann, bildet der Pilz möglichst hohe Plattformen. Die Sporen befinden sich dabei auf der Hutunterseite, sodass sie nicht gleich beim nächsten Regen ausgewaschen werden.

Die Gruppe der Ständerpilze unterteilen wir außerdem in Lamellen- und Röhrenpilze. Bei den Lamellenpilzen sitzen die Ständer, die die Sporen bilden, auf dünnen Blättchen, die man Lamellen nennt. Das ist zum Beispiel beim Champignon der Fall.

Bei den Röhrenpilzen findet man eher ein schwammartiges Gewebe mit vielen kleinen Löchern, ein Beispiel hierfür ist der Steinpilz. Daneben gibt es noch Zwischenformen: So hat der Austernseitling an der Unterseite des Fruchtkörpers eine Kombination aus dünnen Blättchen und Röhren. Auch Stachelbart und Pfifferling passen irgendwie in beide Gruppen. Beide Formen – egal ob Röhre oder Lamelle – sollen eine möglichst große Oberfläche erzeugen, damit so viele Sporen wie möglich vom Wind fortgetragen werden können. Wenn eine Spore dann an einem geeigneten Ort landet, zum Beispiel auf einem feuchten Boden oder einer toten Pflanze, beginnt sie zu keimen und bildet neue Pilzfäden.

Männliche und weibliche Pilze?

Auch wenn Pilze in einigen Punkten den Tieren ähnlicher sind als den Pflanzen, spricht man bei Pilzen nicht von männlich und weiblich, wenn es um die Vermehrung geht. Bei höher entwickelten Pflanzen und Tieren haben wir spezielle Geschlechtsorgane – so können die männlichen Spermien bei den Tieren die weiblichen Eizellen befruchten. Ähnlich können das bei den Pflanzen die Spermien aus dem Pollen mit den pflanzlichen Eizellen tun.

Bei den Pilzen funktioniert das anders. Pilze bilden verschiedene Arten von Pilzfäden, die sich im Zuge der sexuellen Vermehrung auf unterschiedliche Weise miteinander verbinden und vermischen können. Dabei kommt es nicht zu einer Befruchtung, und es entsteht auch kein »Embryo«, sondern das genetische Material vermischt sich einfach nur.

Danach bildet sich wieder ein großes Pilzgeflecht, und wenn die Bedingungen passen, entwickelt der Pilz einen Fruchtkörper, und der Kreislauf geht wieder von vorne los. Das ist hier natürlich sehr einfach dargestellt und kann bei verschiedenen Pilzgruppen auch etwas unterschiedlich ablaufen.

Übrigens braucht man nicht auf den Herbst zu warten, um sich mit Pilzen beschäftigen zu können. Man findet nämlich das gesamte Jahr über Pilze im Wald, sogar im Winter. So kann man sich den grundlegenden Aufbau von Pilzen beispielsweise gut bei vielen Baumpilzen ansehen.

Besonders spannend ist es, sich die Baumpilze bei einem erst kürzlich umgestürzten Baum genauer anzuschauen: Damit die Sporen nicht vom Regen ausgewaschen werden, bilden viele Pilze diese, wie gesagt, auf der geschützten Unterseite eines Hutes oder einer »Konsole« aus. Dafür muss der Pilz natürlich wissen, wo oben und unten ist. Pilze haben zwar keine Augen und keine Ohren, dennoch nehmen sie einiges wahr. So können sie fühlen, wo oben und wo unten ist, und dementsprechend wachsen. Während der Baum noch steht, wächst der Pilz so in die Breite, dass der sporentragende Teil nach unten zeigt. Wenn der Baum aber irgendwann umstürzt, zeigt der sporentragende Teil nicht mehr nach unten, sondern zur Seite. Der Pilz fängt also an, den neuen Teil des Fruchtkörpers an der ehemaligen Seite, die nun nach unten zeigt, anzubauen.

Fruchtkörper eines Baumpilzes

Doch Pilze sind nicht nur spannend oder lecker, sie übernehmen auch ganz wichtige Aufgaben in einem funktionierenden Ökosystem. Eine ihrer wichtigsten Funktionen ist es, totes organisches Material zu zersetzen. So tragen sie dazu bei, dass abgestorbene Pflanzen und Tiere wieder zu Nährstoffen für neue Pflanzen werden. Ohne Pilze würde das abgestorbene Material einfach liegen bleiben und sich nicht wieder in Nährstoffe verwandeln können. Einige Pilze sind auch wichtige Nahrungsquellen für Tiere, die auf sie angewiesen sind. Der aktuelle Klimawandel ist jedoch nicht nur für viele Tiere und Pflanzen problematisch, auch viele Pilze leiden darunter, was sich wiederum negativ auf alle Pflanzen auswirkt, die mit Pilzen eine »Mykorrhiza« eingehen.

Sind Pilze Pflanzen?

▸▸ KURZANTWORT: Nein, Pilze sind keine Pflanzen. Sie bilden ein ganz eigenes »Reich« und existieren schon seit fast einer Milliarde Jahren. Tatsächlich sind sie sogar näher mit den Tieren verwandt als mit den Pflanzen. Pilze haben kein Chlorophyll wie die Pflanzen und haben Chitin in ihren Zellwänden, das man auch in den Panzern von Insekten, Spinnen und Krebsen finden kann.

Victor brennt seit seiner Kindheit für Pilze und läuft bei den von ihm geführten Pilzseminaren regelmäßig zur Höchstform auf. Der große, breitschultrige Mann mit den wilden roten Locken rückt sich die Brille auf der Nase zurecht und scheint sich über jede Frage zu freuen, die mit Pilzen in irgendeiner Weise zu tun hat. »Was sind Pilze eigentlich? Sind das Pflanzen?«, fragt eine ältere Dame in der Gruppe, die mit Regenhose und Wanderstiefeln perfekt für diesen etwas diesigen Oktobertag ausgerüstet ist. Victor ruft laut aus: »Sehr gute Frage!«, und beginnt davon zu erzählen, warum Pilze eben keine Pflanzen sind.

Um die Antwort auf diese Frage besser zu verstehen, kann es helfen, sich einmal kurz mit den Verwandtschaftsverhältnissen der Lebewesen zu beschäftigen. Wir Menschen neigen dazu, Dinge, die uns umgeben, einzuordnen. Das war möglicherweise bereits bei unseren Vorfahren in der Steinzeit hilfreich. Aufgrund von verschiedenen Funden weiß man, dass auch früher schon ganz bestimmte Pflanzen und Pilze gesammelt und verwendet wurden und nicht einfach alles, was man auf dem Weg vom Unterschlupf zum Bach so fand.

Spätestens die alten Griechen haben dann Lebewesen nach einem bestimmten System eingeordnet und sich »Schubladen« im großen Schrank des Lebens überlegt, die sie mit Namen versehen haben. Teilweise waren dies damals andere Schubladen, als wir sie heute verwenden. So hatte man bei den Tieren beispielsweise Schubladen mit der Aufschrift »unterirdisch lebend« oder »wasserbewohnend«. Heute wissen wir, dass der Lebensraum nicht sehr ausschlaggebend für eine Kategorisierung ist, denn ein im Wasser lebendes Tier wie der Pottwal gehört zu den Säugetieren und ist viel näher mit der an Land lebenden Kuh verwandt als mit dem ebenfalls im Wasser lebenden Hai.

Ein ganzer Zweig der Biologie beschäftigt sich damit, wie man sich die Verwandtschaftsverhältnisse bei den Lebewesen vorstellen kann. Doch auch die heute möglichen Genanalysen, mit deren Hilfe man das Erbmaterial der Lebewesen genauer betrachten kann, machen die Erstellung eines großen »Stammbaums des Lebens« – der zeigen soll, wie sich das Leben auf der Erde vom allerersten Lebewesen bis in die Gegenwart immer mehr verzweigte – nicht unbedingt einfacher. Ständig kommen neue Erkenntnisse hinzu, und man muss jahrelang gültige Kategorien auflösen, verschmelzen oder neu erfinden. Wer »den« Stammbaum des Lebens sucht, wird zudem schnell enttäuscht, denn den einen gibt es nicht – vielmehr gibt es eine

Menge unterschiedlicher Stammbäume, je nachdem, wer sie jeweils erstellt hat.

Ganz stark vereinfacht kann man sich die Einordnung der Verwandtschaftsverhältnisse der Lebewesen ungefähr folgendermaßen vorstellen (auch wenn sich Systematiker oder Systematikerinnen nun sicher die Haare raufen):

Man hat eine riesige Bibliothek mit Büchern über alle Lebewesen, die es gibt und je gab. Um etwas über eine Art, beispielsweise den Menschen, das Leistenkrokodil, den Spitzwegerich oder auch den Gemeinen Steinpilz, zu erfahren, muss man das jeweils passende Buch finden und aufschlagen. Da es Millionen von Arten gibt, muss eine entsprechende Bibliothek auch gigantisch groß sein. In diesem Gebäude gibt es daher drei Stockwerke mit jeweils einer wahnwitzig großen und hohen Halle.

Im ersten Stock findet man die Bücher über Bakterien, einzellige Lebewesen, im zweiten jene über Archaeen – das sind ebenfalls einzellige Lebewesen, die sich aber von Bakterien in mancherlei Hinsicht unterscheiden – und im letzten Stock die Bücher über die sogenannten Eukaryoten. Eukaryoten sind, einfach gesagt, alle Lebewesen, die keine Bakterien und auch keine Archaeen sind, da sie etwas komplizierter aufgebaut sind: angefangen beim winzigen Pantoffeltierchen über den Floh bis hin zum ausgestorbenen Tyrannosaurus Rex sowie uns Menschen. Auch der Weihnachtsbaum (meistens eine Nordmanntanne) oder der Fliegenpilz sind hier eingeordnet.

Um mehr über die Verwandtschaftsverhältnisse der Pilze, Tiere und Pflanzen zu erfahren, wollen wir uns dieses letztgenannte Stockwerk nun einmal genauer ansehen – treten wir also gemeinsam durch die schwere eisenbeschlagene Flügeltür.

Nachdem wir den überwältigenden Anblick der unzähligen Bücher in Tausenden von turmhohen Regalen verdaut haben, fällt uns auf, dass es in dieser Halle fünf Ebenen gibt, die sich jeweils über eine Wendeltreppe erreichen lassen.

Auf den ersten zwei Ebenen der Halle findet man Bücher über extrem kleine Lebewesen. Viele sind so klein, dass man sie nur mit einem Mikroskop sehen kann. Als wir unseren Blick über die dritte Ebene schweifen lassen, freuen wir uns: Dort geht es um Pflanzen, endlich kennen wir mal etwas! Wir nehmen unser Fernglas in die Hand, das um unseren Hals baumelt, und gehen die Beschriftungen der einzelnen Regale ab. Keine Pilze! Diese gehören also offenbar nicht zu den Pflanzen. Wozu aber dann? Unser Blick schweift eine Ebene höher.

Die vierte Ebene ist vollgestellt mit Büchern über die etwas merkwürdig anmutende Gruppe der Amöben. Diese Lebewesen sind weder Pilz noch Tier und bestehen meist nur aus einer einzigen Zelle. Die Amöben sind faszinierend, so können sich die dazugehörigen Schleimpilze beispielsweise Futterstellen merken und Informationen dazu untereinander austauschen.

Erst in der fünften und letzten Ebene, die den sogenannten Opisthokonta gewidmet ist, werden wir fündig. Zu ihnen gehören Tiere, Pilze und ein paar Gruppen sehr kleiner Lebewesen, wie zum Beispiel die Kragengeißeltierchen. Endlich sind wir bei den Pilzen angelangt!

Nachdem wir die knarzende Wendeltreppe bis in die fünfte Ebene hinaufgestiegen sind, wird deutlich, wie weit wir schon in die riesige Bibliothek vorgedrungen sind. Und wie unfassbar viele Gruppen es außerhalb der Tiere, Pflanzen und Pilze gibt.

Es fällt uns zunächst etwas schwer, uns einen Überblick zu verschaffen. Doch mit der Zeit erkennen wir, dass auch diese fünfte Ebene noch einmal unterteilt ist: Während der Teppich sowie die Einbände der Bücher in den Regalen ganz links rot sind und man dort die winzigen Ichthyosporea (im Wasser lebende Parasiten bei Fischen und anderen Wasserlebewesen) findet, liegt vor uns ein blauer Abschnitt. Darüber hängt ein sehr breites Schild mit der Aufschrift »Pilze und alle Organismen, die mit Pilzen enger verwandt sind als mit Tieren«.

Haben wir die Pilze also endlich gefunden! Überall hängen Notizen mit Fragezeichen, anscheinend weiß man gar nicht so genau, wer in der Gruppe der Pilze mit wem verwandt ist. Rechts davon beginnt ein chaotisch anmutender grüner Bereich. Dort hängt ein Schild mit der Aufschrift »Tierähnliche«. Das ist ja spannend: Die Pilze stehen in der Bibliothek also mit den Tieren zusammen auf einer Ebene, während den Pflanzen ja eine ganz eigene Ebene gewidmet war. Das kann nur eins bedeuten: Pilze sind mit den Tieren näher verwandt als mit den Pflanzen.

Verwandtschaftsbeziehungen aus evolutionsbiologischer Sicht

Aus evolutionärer Sicht – wenn wir also darauf schauen, wie sich die Lebewesen über die Zeit entwickelt haben – würde man sagen: Dass es einen gemeinsamen Vorfahren von Tieren und Pilzen gab, ist nicht so lange her wie die Zeit, als es einen gemeinsamen Vorfahren von Pflanzen und Tieren gab. Eigentlich ist es nicht ganz richtig, so einen Stammbaum des Lebens mit einem Familienstammbaum zu vergleichen, der Einfachheit halber machen wir das hier aber einmal. Meine Schwester und ich sind näher miteinander verwandt als meine Cousine und ich. Denn die nächsten gemeinsamen Vorfahren von meiner Schwester und mir sind unsere Eltern, während die nächsten gemeinsamen Vorfahren von meiner Cousine und mir meine Großeltern sind. Und diese gemeinsamen Vorfahren (die Großeltern) liegen ja weiter in der Vergangenheit als die gemeinsamen Vorfahren von meiner Schwester und mir (meine Eltern).

Während Pflanzen Fotosynthese betreiben und ihre Energie wie Kraftwerke mithilfe der Sonne »selbst« erzeugen können, brauchen sowohl Tiere als auch Pilze andere Lebewesen (tot oder lebendig), von denen sie sich ernähren. Wenn Tiere und Pilze Energie speichern wollen, machen sie das aus chemischer Sicht mit dem Vielfachzucker Glykogen, während Pflanzen hauptsächlich Stärke verwenden. Danach hören die Gemeinsamkeiten zwischen Tier und Pilz aber auch schon wieder auf.

Spaßeshalber schlendern wir im Anschluss noch zu den Tieren hinüber, um uns einmal kurz das Buch über eine Tierart namens »moderner Mensch« anzusehen. Nachdem wir an Dutzenden von Regalen vorbeigelaufen sind, die alle nur Bücher über Insekten beherbergen, wollen wir schon aufgeben. Doch kurz bevor wir umdrehen, fällt uns in einem kleinen Regal, das den Säugetieren gewidmet ist, in der Regalebene »Primaten« ein schmales und abgegriffenes Buch mit der Aufschrift »Hominiden – das Buch der Menschenaffen« ins Auge. Dem Menschen ist in der riesigen Bibliothek also nicht einmal ein eigenes Buch gewidmet, sondern nur ein kleiner dreiseitiger

Artikel in einem schmalen Buch, das in einem kleinen Regal steht, das sich wiederum nur in einem Abschnitt einer von vielen Ebenen befindet, die man in einer von mehreren Hallen in einem mehrstöckigen Gebäude finden kann, das Millionen von Büchern aufbewahrt.

Auf dem langen Weg nach draußen bemerken wir in der Nähe des prunkvollen Ausgangs einen weiteren Raum, den wir am Anfang nicht wahrgenommen hatten. Die Tür ist nur angelehnt, also schieben wir sie ganz vorsichtig auf und knipsen das Licht an. In dem riesigen verstaubten Raum lagern Abertausende Kisten. Das Ganze macht einen sehr chaotischen Eindruck. Die meisten Kisten sind ungeöffnet, hier und da erkennt man, das in ihnen herumgewühlt wurde, Bücher sind herausgefallen und liegen auf dem Boden. An der Wand entdecken wir ein schwarzes Brett mit der daran gehefteten Notiz »Lagerraum – noch einzusortierende Bücher«. Oha, offenbar liegt noch viel Arbeit vor den armen Bibliothekarinnen und Bibliothekaren.

Nachdem wir das Hunderte Meter hohe Gebäude verlassen haben, schauen wir noch einmal auf die Informationstafel vor der Eingangshalle. »Bibliothek für die Erforschung der Verwandtschaftsbeziehungen der Lebewesen dieses Planeten« ist darauf zu lesen. Darunter ein Hinweis: »Achtung, nächste Woche Dienstag und Mittwoch aufgrund von Umstrukturierung und neuer Einordnung einzelner Werke geschlossen!« Hier wird also pausenlos gesichtet, bewertet. Das Umordnen der Bücher scheint kein Ende zu nehmen …

Praktische Tipps
fürs Draußensein mit Kindern

Es gibt ein paar Dinge, die man dabeihaben oder auch beachten sollte, damit der Aufenthalt mit Kindern in der Natur zu einem rundum schönen Erlebnis wird.

Forschungsequipment

Jeder, der oder die mit Kindern zu tun hat, weiß: Der Weltmarkt gibt eine unerschöpfliche Auswahl an Produkten her, die das Leben für oder mit Kindern erleichtern oder verschönern sollen. Von den gekauften oder geschenkt bekommenen Utensilien erweist sich letztlich dann doch nur eine kleine Auswahl als brauchbar. Das gilt auch für die passende Naturforscherausrüstung. Wer die folgenden Dinge nicht neu kaufen möchte, findet bei Gebrauchtbörsen im Internet oder auf Flohmärkten nicht weniger gut funktionierende Schnäppchen. Ich habe im Alltag mit meinem Sohn Fjell bereits eine Menge lernen dürfen, und für mich haben mittlerweile Praktikabilität, Funktion und vor allem die Stabilität von Gegenständen allen anderen Eigenschaften gegenüber Vorrang.

Folgende Dinge kann man bei einem Familienausflug in der Natur auf jeden Fall gut gebrauchen:

- **Fernglas:** Es macht Spaß, mit Kindern Vögel oder Rehe am Waldrand zu beobachten. Und mit einem Fernglas können wir uns die Tiere damit viel näher heranholen. Natürlich kann man sich ein spezielles Kinderfernglas kaufen, ein kleines und leichtes Reisefernglas tut es aber genauso. Eine mehr als achtfache Vergrößerung ist jedoch nicht sinnvoll, da Kinder das Glas nicht sehr ruhig halten und das Bild sonst verwackelt. Einfache Ferngläser im Format 8x42 reichen vollkommen aus.

- **Lupe:** Gerade Becherlupen eignen sich sehr für Kinder. Sie sind in der Regel recht robust, und man kann das zu beobachtende Wesen in den kleinen Becher sperren, damit es nicht davonläuft. Wichtig: Die Tiere nach jedem Beobachten wieder dort freilassen, wo man sie eingesammelt hat.

- **Kescher:** Die meisten Kinder lieben das Element Wasser, und noch mehr Spaß macht es, nachzusehen, wer oder was alles im Bach oder in einem See lebt. Ein Kescher kann Pflanzen und Tiere aus den tieferen Schichten von Gewässern an die Oberfläche befördern. Die Maschenweite sollte nicht zu groß sein, damit man auch kleinere Tierchen einfangen kann.

- **Erste-Hilfe-Set:** Man hofft immer, dass man es nie benötigt, aber wenn es einmal gebraucht wird, ist man froh, eines dabeizuhaben. Es gibt fertig gepackte Outdoor-Sets zu kaufen, günstiger kommt man aber weg, wenn man sich selbst ein kleines Erste-Hilfe-Set zusammenstellt. Mein Vorschlag für den Inhalt: Zeckenzange oder -karte, Pinzette, Wunddesinfektionsspray, Klammerpflaster, normale Pflaster, Blasenpflaster, Verbandspäckchen, eine kleine Ampulle Kochsalzlösung (um Augen auszuspülen), Rettungsdecke. Wer viel mit den Kindern (oder auch alleine) in der Natur unterwegs ist oder längere Natururlaube macht, dem empfehle ich dringend, alle paar Jahre einen Outdoor-Erste-Hilfe-Kurs zu belegen. Dort lernt man nicht nur das Anwenden des Erste-Hilfe-Sets, sondern auch, wie man sich verhält, wenn es keinen Handyempfang gibt, oder wie man aufkeimende Panik bei einem Unfall in den Griff bekommen kann.

Draußen übernachten mit Kindern

Abenteuer warten vor der Haustür – man muss nicht unbedingt in die Ferne schweifen, um welche zu erleben. Kinder haben dabei meist noch viel geringere Ansprüche als wir Erwachsenen. So kann für kleinere Kinder bereits eine Nacht im Zelt im heimischen Garten zu einem tollen Abenteuer werden. Ich habe mit meinem zweieinhalbjährigen Sohn bereits öfter im Freien genächtigt, und er erzählt dann immer tagelang von diesem Erlebnis.

Generell empfehle ich ein langsames Herantasten an das Draußenschlafen, es ist wie alles eine Sache der Gewöhnung. Zunächst kann man, wie gesagt, eine Nacht im Garten zelten und einfach wieder hineingehen, wenn es nachts zu unheimlich werden sollte. Die nächste Stufe wäre es, irgendwo draußen in der Natur zu zelten, danach könnte man unter einer wasserdichten Zeltplane, einem sogenannten Tarp, schlafen, und zu guter Letzt kann man es einmal mit einer selbst gebauten Laubhütte im Wald probieren!

Doch was darf man überhaupt?

In den meisten Ländern in Europa mit Ausnahme der nordischen Länder ist das Wildcampen verboten, in Deutschland ebenso wie in Österreich. In der Schweiz gibt es keine einheitliche Regelung. Sicherheitshalber sollte man sich immer über die Bestimmungen vor Ort informieren.

In Deutschland wird in den betreffenden Gesetzen strikt zwischen Wald und »offener Landschaft« unterschieden. In Wäldern ist es in der Regel schwieriger, eine Erlaubnis fürs Übernachten zu erhalten. Will man sein Zelt auf einer Wiese aufstellen, muss man die Erlaubnis des Besitzers einholen. Eine Ausnahme bildet Brandenburg: Dort darf man unter bestimmten Bedingungen auch ohne Erlaubnis für eine Nacht in der freien Natur zelten.

Die Gesetze für das Zelten im Freien sind in jedem deutschen Bundesland anders und alles in allem sehr unübersichtlich. Ein reines Nächtigen ohne Zelt oder Tarp wird in den Gesetzestexten nicht erwähnt und gilt unter Outdoor-Juristen als eine Art Grauzone. Wälder dienen immerhin unter anderem der Erholung der Bürger – und was ist schließlich erholsamer als Schlaf?

Wichtig zu beachten ist in jedem Fall, dass Schutzgebiete tabu sind. Deutschland ist ein dicht besiedeltes Land – unberührte Gebiete sind selten geworden und werden daher oftmals streng geschützt. Je nach Art des Schutzgebiets gelten verschiedene Verhaltensregeln. Da es internationale, EU-verwaltete und nationale Schutzgebiete gibt und die Nutzungsregeln zudem von Bundesland zu Bundesland variieren, kann es schwierig sein, den Überblick zu behalten. Es ist daher ratsam, vorher mit den zuständigen Behörden (Forstbehörden,

Naturschutzbehörden oder dem Ordnungsamt) Kontakt aufzunehmen, um zu erfahren, was im jeweiligen Gebiet erlaubt ist und was nicht.

Das Nachtlager

Hat man ein Gebiet gefunden, in dem man nächtigen möchte und darf, sollte man sich die Stelle genau ansehen, die man für das nächtliche Lager auserkoren hat. Damit man nachts keine unliebsamen Überraschungen erlebt, sollte man zunächst schauen, ob es oberhalb der Lagerstelle abgestorbene Äste gibt, die bei einem Windstoß herunterfallen könnten. Sollte sich das Lager unterhalb eines Hangs befinden, ist es wichtig zu schauen, dass es am Hang keine Steine gibt, die herunterrollen könnten. Auch die Nähe von Hochsitzen sollte man meiden – denn theoretisch könnte man durch eine verirrte Kugel getroffen werden. Das Lager darf sich außerdem niemals in trockenen Flussbetten befinden – diese könnten sich schlagartig mit Wasser füllen, zum Beispiel wenn es flussaufwärts stark regnet.

Daneben gibt es noch ein paar Dinge, die einem nachts im Freien womöglich den Schlaf rauben können: So sollte man darauf achten, dass das Schlaflager plan – also eben – ist. Am besten legt man sich einmal probehalber auf den Boden und testet das aus. Nachts nach und nach immer weiter herunterzurutschen, ist bestimmt nicht erholsam.

Und auch wenn es vielleicht verführerisch sein mag, eine Kuhle als Schlaflager zu nutzen, sollte man sich besser einen anderen Ort suchen. Zum einen sammelt sich dort bei Regen das Wasser, zum anderen kühle Luft. Sinnvoll ist es auch, die Stelle von Steinen und Ästen zu befreien und den Boden eine Weile zu beobachten: Gibt es hier viele Ameisen? Ist vielleicht sogar ein Ameisenhaufen oder ein unterirdischer Bau in der Nähe? Dann sollte man besser eine andere Stelle wählen.

Gewitter und Sturm in freier Natur

Während der Hunderte von Nächten, die ich schon draußen verbracht habe, ist der Blitz nur zwei Mal in der Nähe eingeschlagen. Diese Momente werde ich nie vergessen, auch wenn ich völlig unversehrt davongekommen bin. Laut Deutschem Wetterdienst liegt das Risiko, hierzulande durch einen Blitz Schaden zu nehmen, bei eins zu eine bis drei Millionen. Dabei muss man nicht einmal direkt getroffen werden, auch ein Einschlag in wenigen Metern Entfernung kann gefährlich sein. Wenn man einen längeren Naturaufenthalt plant, sollte man also immer am Vorabend die Wettervorhersage checken und bei Sturm oder Unwetter vielleicht besser umplanen oder das Ganze verschieben.

Was aber tut man, wenn man bereits draußen unterwegs ist und es zu gewittern beginnt?

Zunächst einmal: Ruhe bewahren! Wie gesagt: Die Wahrscheinlichkeit, vom Blitz getroffen zu werden, ist extrem gering. Wenn Kinder dabei sind, ist es wichtig, sie zu beruhigen oder abzulenken.

Das Wichtigste ist, so schnell wie möglich Schutz zu suchen, wenn ein Gewitter aufzieht. Am sichersten ist es, in ein geschlossenes Gebäude oder Fahrzeug zu gehen. Wenn man in einem Wald unterwegs ist, kann man Schutz unter einer Gruppe kleinerer Bäume suchen. Blitze treffen in der Regel die höchsten Objekte, auch wenn das nicht immer zutrifft. Hohe, isolierte Bäume oder andere hohe Strukturen wie Türme, Zäune oder Masten sollte man unbedingt meiden. Wenn man sich in offenen Landschaften wie Wiesen und Feldern aufhält, ist es ratsam, so schnell wie möglich Schutz unter Hecken oder an Waldrändern zu suchen. Da Wasser Elektrizität gut leitet, sollten wir Gewässer immer sofort verlassen. Außerdem empfiehlt es sich, metallische Gegenstände wie Fahrräder, Zeltstangen und Rucksäcke mit Metallstreben einige Meter entfernt wegzustellen, selbst dann, wenn man in einem Unterstand Schutz gesucht hat.

Wenn kein Schutz verfügbar ist, macht man sich am besten so klein wie möglich, ohne sich jedoch auf den Boden zu legen. Hinhocken, die Füße eng zusammenhalten: So reduziert man das Risiko, von der sogenannten »Schrittspannung« eines Blitzeinschlags in unmittelbarer Nähe betroffen zu sein. Die alte Weisheit »Buchen sollst du suchen, Eichen sollst du weichen« lässt sich übrigens weder bestätigen, noch wurde sie bis jetzt widerlegt.

Neben dem Blitzschlag gibt es statistisch gesehen ein viel höheres Gesundheitsrisiko durch herabfallende Äste. Gerade wenn es windig ist, fallen häufig Äste von den Bäumen. Aus mehreren Metern Höhe kann bereits ein armdicker Ast tödlich sein.

Wenn es also windig ist, sollte man sich am besten Schutz suchen und im Idealfall den Wald verlassen. Auch bei der Ausflugsplanung sollte man dies auf dem Schirm haben und die Windstärken im Rahmen der Wettervorhersage überprüfen.

Ab Windstärke sechs oder bei andauernden Windgeschwindigkeiten von mehr als 40 km/h sollte man den Wald sicherheitshalber nicht mehr betreten.

Feuer machen in der Natur

Ich finde es immer wieder faszinierend, was ein Lagerfeuer mit Menschen machen kann. Egal wie anstrengend oder aufwühlend der Tag war, beim abendlichen Am-Feuer-Sitzen kommen alle zur Ruhe. Die ältesten Belege, dass unsere Vorfahren das Feuer nutzten, sind mindestens 400 000 Jahre alt – es begleitet uns also schon eine ganze Weile. Vielleicht haben wir deshalb einen besonderen Bezug dazu. Auch Kinder finden Feuer spannend. Ob beim Kokeln oder beim Stockbrotmachen, ich kenne kaum ein Kind, das am Lagerfeuer keinen Spaß hat. Zudem ist so ein Lagerfeuer eine tolle Möglichkeit, die Kinder im Umgang mit der Gefahrenquelle Feuer vertraut zu machen.

Womit wir auch schon beim Stichwort »Gefahren« sind und der Frage, wo und wann man überhaupt Feuer machen darf. Im eigenen Garten oder auf dem eigenen Wiesengrundstück ist das Entfachen eines kleinen Feuers grundsätzlich erlaubt, doch sind dabei Mindestabstände zu Gebäuden und Waldflächen zu beachten, außerdem darf man Nachbarn durch Rauch nicht belästigen. Und meist ist das Vorhandensein einer Feuerstelle nötig, die den Anforderungen entspricht, das heißt, sie muss zum Beispiel einen genügend großen Sicherheitsabstand haben. Nicht nur jedes Bundesland regelt das anders, auch die jeweilige Gemeinde kann zusätzliche Regeln und Verbote aufstellen.

In der freien Natur ist das Entzünden eines Feuers nur an ganz wenigen Stellen – nämlich an offiziellen Feuerstellen – erlaubt. Und selbst dort gibt es Einschränkungen; so sind auch die offiziellen Feuerstellen bei erhöhter Waldbrandgefahr und der Verkündung einer höheren Gefahrenstufe gesperrt. In Anbetracht der Tatsache, dass wir in den kommenden Jahren den Klimawandel immer stärker zu spüren bekommen werden und es öfter auch längere Trockenphasen gibt, ist es wahrscheinlich, dass die Regeln zum Entfachen eines Feuers zukünftig immer strenger werden. Wer auf der Suche nach einer offiziellen Feuerstelle ist, dem empfehle ich, im Internet unter dem Stichwort »Feuerstelle« oder »Grillplatz« zusammen mit dem Namen der jeweiligen Gemeinde zu recherchieren.

Ein Feuer entzünden

Damit man außerhalb von betonierten Feuerstellen und Feuerschalen ein sicheres Lagerfeuer entfachen kann, sollte man den passenden Untergrund wählen. Im Idealfall ist das ein sandiger Boden oder bloße Erde. Keinesfalls jedoch sollte man das Feuer direkt auf Laub entzünden – selbst feucht wirkendes Laub kann sich nach dem Schnelltrocknungsprozess durch das soeben entzündete Feuer entfachen. Wichtig ist es hier, das Laub großflächig zur Seite zu schieben. Auf einer Wiese kann es sinnvoll sein, die Grasnarbe abzustechen und zur Seite zu legen – die kann man nach dem 100-prozentigen Löschen des Feuers später einfach wieder auf die Stelle legen, in der Regel wächst das Gras wieder an.

Auch größere Steine, rund um die Feuerstelle gelegt, können gute Dienste leisten. Sie dämmen das Feuer ein und können verhindern, dass es sich auf den umliegenden Boden oder die Vegetation ausbreitet. Zudem blockieren sie herausrutschende Glut, und das Brennmaterial bleibt an Ort und Stelle. Weitere Vorteile: Steine können Wärme speichern und diese auch noch lange, nachdem das Feuer erloschen ist, abstrahlen. Steine schützen das Feuer zudem vor zu starkem Wind und zu schnellem Abbrennen.

Ein Feuer im Kamin zu entzünden, ist nicht schwer, vor allem, wenn man gut abgelagerte Holzscheite, Anzündholz und Grillanzünder zur Hand hat. Draußen hingegen sieht die Sache meist anders aus. Das Holz ist selten richtig trocken, manchmal ist es sogar ziemlich feucht, oder der Wind weht das eben zum Leben erweckte kleine Flämmchen wieder aus.

Ein Feuer benötigt nach dem Entzünden im Prinzip nur zwei Dinge: brennbares Material und Luft. Je öfter man ein Feuer unterhält, desto besser versteht man, was ein Feuer gerade »braucht«. Wenn ich mit Kindern arbeite, benutze ich daher oft die Metapher des Feuers als »Wesen«. Viele machen zu Beginn den Fehler und ersticken das Feuer, indem sie zu schnell zu viel Holz draufhäufen.

Natürlich kann man sich mit Dutzenden von Lagerfeueraufbauvarianten beschäftigen, letztlich ist ein »Tipi« aus Holz meistens völlig ausreichend. Dabei sollten als erste Schicht nur trockene, sehr dünne Zweige verwendet werden. Gut eignen sich zum Beispiel abgestorbene Zweige von Nadelhölzern, da die enthaltenen ätherischen Öle gut entflammbar sind.

Das kleine und das große Geschäft

Ein wichtiges Thema, über das zu selten gesprochen wird, ist die Notdurft im Freien. Wer pinkeln muss, stellt sich meist einfach an einen Baum oder hockt sich dahinter. Aber wo erledigen meine Kinder oder ich in der Natur das große Geschäft? Solche großen Hinterlassenschaften können einem ganz schön den Aufenthalt in der Natur versauern: Man verlässt den Weg am Waldrand, um etwas querwaldein zu laufen, und muss Schlangenlinien gehen, um nicht in mit Klopapier dekorierte Haufen der Tierart Mensch zu treten. Viel besser ist es hingegen, ein kleines Loch zu buddeln, dort hineinzumachen und das Ganze wieder mit Erde zu bedecken.

Um ein kleines Loch fürs große Geschäft zu buddeln, benötigt man nicht einmal eine Schaufel, ein kurzer, etwa fingerdicker und stabiler Grabstock reicht in der Regel aus. Am besten kniet man sich vor der Verrichtung des Geschäfts hin, nimmt den Stock in beide Hände und stößt mit dem einen Ende des Stockes nach unten. Hat man die Erde aufgelockert, schiebt man sie mit der Hand oder dem Stock beiseite. Wenn man den Ort so wählt, dass ein Jungbaum in der Nähe ist, kann man sich sogar dabei festhalten. Wichtig ist immer, dass man seine Notdurft in ausreichendem Abstand zu Gewässern verrichtet.

Es gibt eine anhaltende Diskussion darüber, wie lange Klopapier eigentlich braucht, um durch Mikroorganismen zersetzt zu werden. Auf diese Frage gibt es keine pauschale Antwort, denn viele Bedingungen wie Bodenfeuchte, Bodentemperatur, Bodenart und so weiter haben einen Einfluss darauf, genauso wie die Beschaffenheit des Klopapiers. 100-prozentig recyceltes Klopapier ohne jegliche Zusätze besteht nur aus Zellstoff und zersetzt sich relativ gut und schnell. Natürlich kann man auch »Bushcraft-Klopapier« wie Königskerzen- oder Ampferblätter verwenden, mit Kindern ist das (je nach Alter) aber nicht immer so praktikabel.

Wasser in der Natur trinken

Geht einem auf einer längeren Tour das Wasser aus, muss man manchmal auf Wasserquellen in der Natur zurückgreifen. Doch welches Wasser können wir unbedenklich trinken?

Wasser ist dann ohne besondere Aufbereitung für uns trinkbar, wenn es nur sehr geringe Mengen an Mikroorganismen und keine Schadstoffe enthält. Im Norden Skandinaviens kann man aus relativ vielen natürlichen Gewässern ohne Probleme Wasser trinken, ohne es vorher aufbereiten zu müssen. Im Gegensatz zu Ländern wie Norwegen ist Deutschland jedoch ein sehr dicht besiedeltes Land mit einer langen Industriegeschichte und einer – leider immer noch – flächendeckenden intensiven Landwirtschaft. Diese Faktoren führen dazu, dass es in der Regel keine gute Idee ist, aus unseren Gewässern zu trinken. Ausnahmen sind quellnahe Bäche, zum Beispiel in den Alpen und den Mittelgebirgen, sofern sie nicht durch Weiden fließen.

Die Anzahl an potenziell schädlichen Mikroorganismen im Wasser lässt sich durch Abkochen oder Filtern drastisch reduzieren. Durch das Abkochen – und auch nicht immer durch das Filtern – lässt sich allerdings kein Wasser trinkbar machen, das mit Giftstoffen versetzt ist. Die Giftstoffe können durch den Menschen hineingebracht worden sein (zum Beispiel Schwermetalle), sie können aber auch natürlicher Herkunft sein (wie beispielsweise Cyanobakterien).

Wenn man Wasser aus der Natur zum Trinken entnehmen und aufbereiten möchte, sollte man folgende Dinge beachten:

- Kein Wasser aus Gewässern entnehmen, an denen Industrie angesiedelt ist oder war.
- Kein Wasser in dicht besiedelten Gebieten entnehmen.
- Schnell fließende, kalte Gewässer sind viel ärmer an Mikroben als warme, langsam fließende (oder sogar stehende) Gewässer.
- Keine grünen oder rötlich gefärbten Gewässer nutzen – hier können hochtoxische Cyanobakterien am Werk sein, deren Gifte auch durch Kochen nicht zerstört werden.
- Es gibt diverse Filter und Entkeimungstabletten auf dem Markt. Diese funktionieren jedoch nur bei relativ klarem Wasser.
- Das Wasser muss nicht unbedingt minutenlang kochen. Einmal aufkochen reicht in den meisten Fällen aus.

Gefahren durch Parasiten und übertragbare Krankheiten

Deutschland, Österreich und die Schweiz sind schon sehr beschauliche und behütete Länder: Nicht nur, dass wir in Frieden leben und es (im Vergleich zu anderen Regionen) nur sehr selten zu Naturkatastrophen kommt, auch gibt es bei uns kaum Tiere, vor denen wir uns in Acht nehmen müssen, oder Parasiten, die uns gefährlich werden können. Gerade in vielen wärmeren Ländern muss man sich die Wahl des Badegewässers oft gut überlegen, da es dort zum Teil gefährliche Parasiten gibt, die beim Schwimmen in die Haut eindringen können oder die man beim Verschlucken von Wasser vielleicht aufnimmt. In Deutschland ist das noch nicht der Fall – sollte der Klimawandel allerdings in der momentanen Geschwindigkeit voranschreiten, werden wir zukünftig vielleicht auch damit zu tun haben.

Doch auch bei uns gibt es eine Reihe von Erkrankungen, die man sich theoretisch draußen einfangen kann, hervorgerufen durch das Hantavirus, Leptospiren oder diverse Magen-Darm-Würmer. Sie lassen sich aber in der Regel gut behandeln oder rufen nur extrem selten einen schweren Krankheitsverlauf hervor. Um das Risiko einer Infektion von vornherein zu minimieren, sollte man folgende Regeln beachten:

- Keine ungewaschenen und rohen Pflanzen von Koppeln und Tierweiden essen. Nach dem Kochen ist eine Verwendung unproblematisch.
- Keine toten Tiere mit den Fingern anfassen. Wenn man sie sich genauer ansehen möchte, sollte man einen Stock zum Umdrehen verwenden. Alte Knochen oder Schädel ohne Fleisch sowie Geweihe sind in der Regel unproblematisch.
- Nach dem Kontakt mit lebenden Tieren die Hände waschen.
- Wenn man von draußen kommt, die Hände waschen.
- Sich den Mund nicht von (Haus-)Tieren ablecken lassen.

Zwei Parasiten, mit denen man es bei uns zu tun bekommen kann, sind der Fuchsbandwurm und die Zecke. Doch wie wahrscheinlich ist es, sich auf einem Streifzug durchs Grüne einen der beiden einzufangen, und wie kann man sich vor negativen Folgen schützen?

Fuchsbandwurm

Bei meinen Naturführungen erzähle ich den Teilnehmenden oft, dass ich als Kind bei den ausgedehnten Spaziergängen mit der Familie keine Waldbeeren essen durfte. Die Angst vor dem Fuchsbandwurm war einfach zu groß, und die Regel war eindeutig:»Nur Beeren oberhalb des Knies« durften verspeist werden. Auf alles darunter könnte der Fuchs gepinkelt und damit seine Bandwurmeier verbreitet haben. Ich war offenbar nicht das einzige Kind, das aus diesem Grund nicht in den Genuss von Walderdbeeren gekommen ist: Wenn ich das erzähle, erhalte ich oft die Rückmeldung, dass es anderen genauso ergangen ist.

Der Fuchsbandwurm (*Echinococcus multilocularis*) ist ein parasitärer Wurm, der im Darm von Füchsen (und anderen Raubtieren) lebt. Er wechselt den Körper des Wirtes mindestens ein Mal und ändert während der Entwicklung seine Gestalt. Mediziner und Medizinerinnen beschreiben die durch ihn ausgelöste Krankheit, die alveoläre Echinokokkose, als »selten, aber gefährlich«. Bandwurmlarven können sich in verschiedenen Organen ausbreiten und diese schädigen, besonders häufig ist die Leber betroffen. Das Gemeine ist, dass es bis zu 15 Jahre dauern kann, bis die Krankheit ausbricht.

Der Mensch ist für den Fuchsbandwurm ein sogenannter Fehlwirt. Das bedeutet, der Parasit möchte am allerliebsten in einen Fuchs, einen Hund oder eine Katze gelangen, und für diese ist eine Infektion mit dem Bandwurm auch gar nicht weiter tragisch. Gelangt er aber in einen Wirt, in den er ursprünglich gar nicht hineinwollte, kann er dort großen Schaden anrichten. Zum Glück kommen Infektionen in Deutschland nur sehr selten vor. Im Schnitt werden 20 Fälle pro Jahr gemeldet, möglicherweise sind es in Wirklichkeit aber doppelt so viele. Fast alle davon treten in Süddeutschland an der Grenze von Bayern und Baden-Württemberg auf. Außerhalb dieser Region ist die Wahrscheinlichkeit, von einem Blitz getroffen zu werden, deutlich höher!

Wie sich diese wenigen Menschen jeweils mit dem Fuchsbandwurm ansteckten, ist noch ziemlich ungeklärt. Prinzipiell muss man für eine Ansteckung in den Kontakt mit infiziertem Kot von Füchsen oder anderen Raubtieren kommen. Urin ist dagegen kein Übertragungsweg des Fuchsbandwurms. Untersuchungen haben auch gezeigt, dass man große Mengen an Wurmeiern zu sich nehmen muss, um sich anzustecken. Gegen wenige Eier kann sich der Körper anscheinend wehren.

Theoretisch ist eine Ansteckung auch über die Atemwege möglich, wenn etwa Eier eingeatmet werden. Das wurde allerdings noch nicht genau untersucht – da jedoch ein Großteil der Infizierten Landwirte sind, liegt diese Vermutung nahe. Andere Risikogruppen sind Hundehalter, Katzenbesitzer sowie Jäger und Jägerinnen. Dass eine Übertragung durch das Essen von Beeren und Pilzen geschieht, gilt dagegen als unwahrscheinlich und wurde bis jetzt auch noch nie beobachtet. Ich und viele andere Kinder mussten also zu Unrecht auf die süßen Waldschätze verzichten.

Wer auf Nummer sicher gehen möchte und in der Grenzregion von Bayern und Baden-Württemberg lebt, kann die Beeren gründlich waschen. Die Wurmeier sind zwar sehr widerstandsfähig und können auch bei Temperaturen unter null überleben, mehr als 60 Grad halten sie jedoch nicht lange aus – wer die gesammelten Beeren und Wildpflanzen verkocht, ist auf der ganz sicheren Seite. Was man sich außerdem

klarmachen sollte: Füchse und andere infizierte Tiere machen
ja auch vor dem Salatacker nicht halt. Die Wahrscheinlichkeit,
sich zu infizieren, kann also niemals ganz ausgeschlossen werden, sie ist jedoch insgesamt gesehen sehr gering.

Zecken

Wie bereits im Kapitel »Welches sind die gefährlichsten Tiere
in Deutschland?« erwähnt, ist weder der Wolf noch die Kreuzotter das gefährlichste bei uns vorkommende Tier, sondern ein
kleines, eher unauffälliges Wesen: die Zecke. Spinnentiere, zu
denen auch die Zecken gehören, sind keine Insekten, sondern
bilden eine ganz eigene Gruppe. Zu ihnen zählen neben den
»Echten Spinnen« auch Weberknechte, Skorpione und Milben.
Und zu dieser letzten Gruppe gehören die blutsaugenden Zecken.

Zecken können eine Reihe von Krankheiten übertragen,
unter denen Borreliose und FSME, die Frühsommer-Meningoenzephalitis, am häufigsten auftreten. Eine Infektion mit
Borrelien kann sehr unterschiedlich ausfallen, so kann es am
Anfang zu Muskel- und Gelenkschmerzen sowie Fieber kommen. Eine sich ausbreitende ringförmige Rötung der Haut an
der Einstichstelle kann, muss aber nicht unbedingt auftreten.
Unbehandelt kann die Borreliose später zu Problemen im Nervensystem und zu Lähmungen führen und im schlimmsten
Fall irgendwann chronisch werden und verschiedene Organ-
systeme betreffen.

Je später die Borreliose erkannt wird, desto schwieriger ist
es, sie zu behandeln. Wie viele Zecken diese Bakterien in sich
tragen, lässt sich nicht sagen, da dies regional sehr unterschiedlich sein kann – im Extremfall sind es fast 35 Prozent der Tiere.

Es ist allerdings nicht so, dass man immer auch krank wird, wenn man von einer mit Borrelien infizierten Zecke gebissen wird – denn unser Immunsystem wehrt sich! So sind bei uns sieben Prozent aller 14- bis 17-Jährigen bereits von infizierten Zecken gebissen worden, der Anteil an Borreliose-Fällen in dieser Altersgruppe ist jedoch um ein Vielfaches geringer.

Unser Körper ist nach einem Erstkontakt mit der Krankheit in der Lage, Gedächtniszellen mit Informationen über die Krankheitserreger auszustatten, sodass bei einer erneuten Infektion schnell mit Antikörpern gegengesteuert werden kann. Seit einigen Jahren wird auch an einem Impfstoff gegen Borreliose geforscht, doch noch ist keiner zugelassen.

FSME wird hingegen von Viren übertragen und bedeutet wortwörtlich »Frühsommerliche Gehirn- und Gehirnhautentzündung«. »Frühsommerlich«, weil die meisten Infektionen im Sommer stattfinden – jedoch kann man auch im März oder November von Zecken gebissen werden. Wer in einem der ausgewiesenen Risikogebiete lebt, tut wahrscheinlich gut daran, sich und seine Liebsten gegen FSME impfen zu lassen.

Übrigens lassen sich Zecken nicht – wie viele immer noch denken – von den Bäumen fallen, sondern sie warten an Grashalmen, in Büschen und im Laub, bis ein Tier oder Mensch vorbeikommt, an dem sie sich dann festhalten.

Zecken durchlaufen in ihrer Entwicklung vier verschiedene Stadien: zunächst als Ei und danach als Larve. Diese winzigen Zecken tragen nur extrem selten Krankheitserreger in sich. Die nächste Stufe, die Nymphe, ist bereits deutlich größer und gilt als das gefährlichste Stadium: Hier sind die Infektionsraten am höchsten, die Gefahr bei der ausgewachsenen Zecke nimmt später wieder ab.

Folgende praktische Tipps können helfen, möglichst erst gar nicht mit den kleinen Spinnentieren in Kontakt zu kommen beziehungsweise bei einem Zeckenbiss Schlimmeres zu verhindern:

- Eine lange Hose und geschlossene Schuhe tragen und Strümpfe über die Hosenbeine ziehen.
- Es kann sinnvoll sein, Schuhe und Hose mit einem Zeckenspray zu besprühen.
- Nach jedem Naturaufenthalt den ganzen Körper abends einmal gründlich nach Zecken absuchen, besonders die Winkel.
- Fest sitzende Zecken so früh wie möglich durch sanftes Abziehen (kein Drehen) entfernen. Dafür am besten eine Zeckenzange oder eine Zeckenkarte verwenden. Sollte der Kopf der Zecke stecken bleiben, ist das selten problematisch, da dieser nur sehr wenige Erreger enthält und von unserem Körper schnell abgestoßen wird.
- Alte Hausmethoden, wie der Einsatz von Öl, Feuer oder dergleichen, sollte man nicht anwenden, da die Zecke dann vermehrt Erreger in die Blutbahn abgibt.
- Nach dem Entfernen der Zecke die Bissstelle desinfizieren und mit einem Filzstift einkreisen. Die Stelle dann über mehrere Wochen beobachten, die Rötung und Schwellung sollte relativ schnell verschwinden. Auch ein Eintrag in den Kalender kann später hilfreich sein. Bei ungewöhnlichen Symptomen, Unwohlsein oder dem Aufenthalt in einem Risikogebiet einen Arzt konsultieren.
- Wer zur Forschung und Prävention beitragen möchte, kann eingefangene oder abgezogene Zecken dem Zeckenatlas-Projekt zusenden: www.zepak-rki.de/

Ideen für Entdeckungstouren in der Natur

Kinder sind sehr begeisterungsfähig, und sie brauchen nicht unbedingt das Spektakuläre, das Erwachsene suchen. Es müssen also nicht die Karpaten, die Rocky Mountains oder die Alpen sein. Bereits vor der Haustür kann man vieles entdecken und erleben. So gibt es zahlreiche Orte, die für Kinder alles bieten, was sie für einen schönen Tag in der Natur brauchen.

Nachtspaziergang im nahe gelegenen Wald

Eine nächtliche Entdeckungstour im Wald kann ein unglaublich aufregendes und lehrreiches Erlebnis für Kinder sein.

Planung
Wählt einen sicheren und vertrauten Wald aus, in dem ihr euch gut auskennt, und schaut, bevor ihr aufbrecht, noch mal nach dem Wetter. Um nachtaktive Insekten gut beobachten zu können, könnt ihr bereits am Abend oder am Tag ein weißes Tuch (zum Beispiel einen Kopfkissenbezug) an einen Baum hängen. Dort werden sich in der Nacht einige Insekten wie

beispielsweise Nachtfalter aufhalten. Sobald die Sonne untergegangen ist, kann es losgehen.

Ausrüstung

Jedes Kind sollte eine eigene Taschenlampe haben, idealerweise eine Stirnlampe, um die Hände frei zu haben. Wärmende Kleidung, die gut sichtbar ist (oder man verwendet Reflektorbänder), und robustes Schuhwerk sind auch wichtig. Am besten außerdem einige Snacks, Getränke und ein Erste-Hilfe-Set mitnehmen und das Handy zuvor aufladen. Ein toller Ausrüstungsgegenstand ist ein Bat-Detektor (gibt es ab 40 Euro), der die für uns nicht hörbaren Laute von Fledermäusen so umwandelt, dass wir sie auch hören können.

Inhalte

Beginnt den Ausflug mit einem Spaziergang durch den Wald. Lasst die Kinder die Geräusche der Nacht hören – das Rauschen der Blätter, kleine Mäuse, die über trockenes Laub laufen, rufende Eulen. Erklärt den Kindern, welche Tiere nachtaktiv sind und welche Geräusche sie machen könnten. Vielleicht habt ihr Glück, und ihr seht ein paar Tiere wie Eulen, Fledermäuse oder nachtaktive Insekten am zuvor aufgehängten Tuch. Sobald man Fledermäuse sieht, kann auch der Bat-Detektor genutzt werden. Wenn es ein Gewässer in der Nähe gibt, lohnt sich ein Abstecher dorthin. Leuchtet man ins Wasser, lockt das manchmal Fische an, auch kann man zum Teil Frösche und Kröten beobachten, die an Land nach Beute suchen.

Entdeckungstour durch die Wiese

Manche Wiesen sind sehr artenreich, man kann hier mitunter viele Insekten, Vögel und Pflanzen entdecken.

Planung

Bevor man durch eine Wiese streift, sollte man sich am besten informieren, ob man sich in einem FSME-Risikogebiet aufhält, und gegebenenfalls entsprechende Vorsichtsmaßnahmen treffen. Auch im Hinblick auf Borreliose geht von Zecken immer eine gewisse Gefahr aus. Es dürfen auch nicht alle Wiesen betreten werden – die in Naturschutzgebieten sind beispielsweise tabu. Auch landwirtschaftlich genutztes Grünland darf in der Regel ohne Genehmigung nicht betreten werden. Im Frühjahr sollte man hoch gewachsene Wiesen generell in Ruhe lassen, um dort brütende Vögel wie die Kiebitze, Feldlerche oder Braunkehlchen nicht zu stören oder gar Gelege zu zertreten.

Ausrüstung

Für einen Aufenthalt in der Wiese eignen sich eine lange Hose, die in die Socken gesteckt wird, sowie ein langärmeliges Shirt, das zusätzlich als Sonnenschutz dient. Wer möchte, kann ein Zeckenspray (vor allem auf Schuhen und Hose) verwenden. Auch ein Sonnenhut ist sinnvoll. Wichtig ist, dass man genug zu trinken, eine Zeckenzange oder Zeckenkarte und ein aufgeladenes Handy dabeihat. Optional kann man ein Fernglas und Becherlupen mitnehmen. Naturführer für Kinder sind auch immer beliebt, wenn man sie denn tragen möchte. Insekten und Pflanzen kann man auch fotografieren und später zu

Hause »nachbestimmen«. Besonders begeistern kann man Kinder natürlich mit Pflanzen- oder Vogelbestimmungs-Apps, die auch vor Ort funktionieren.

Bestimmungs-Apps

In Zeiten von künstlicher Intelligenz gibt es eine Reihe von Apps, die einem bei der Bestimmung von Pflanzen und Vögeln gute Dienste leisten. Zu den besten Pflanzenbestimmungs-Apps gehören Flora Incognita und PlantNet. Man fotografiert dafür eine Blüte, das Blatt und manchmal auch die gesamte Pflanze und erhält dann einen Vorschlag, um welche Pflanze es sich handelt. Das Gute ist: Die Bilder können auch später zu Hause hochgeladen werden, falls man unterwegs kein Internet hat.

Da die Apps zum Teil fehlerhaft sind, sollte man sich jedoch niemals darauf verlassen, wenn man eine Pflanze essen möchte. Wirklich lernen tut man dabei nicht viel, da man sich die Erkennungsmerkmale der Pflanzen nicht anschauen muss. Die Apps sind aber eine hervorragende Ergänzung zu einem Buch. Vogelstimmen-Apps gibt es mittlerweile auch, besonders empfehlenswert ist BirdNET. Von Pilzbestimmungs-Apps raten wir dringend ab. Ich arbeite mit dem Pilzsachverständigen Victor Grönke zusammen und habe vollstes Vertrauen in ihn, wenn er die Nutzung der Pilz-Apps als »höchst gefährlich« einordnet.

Inhalte

Auf der Wiese können die Kinder Blüten von Pflanzen pflücken, die sie bereits vor Ort in ein Buch legen, um sie später zu pressen. Mit dem Fernglas lassen sich besonders an Hecken und in Büschen Vögel beobachten und mit dem mitgebrachten Buch oder durch Vogelstimmen-Apps bestimmen. Begleitend kann man den Kindern Infos aus dem Buch zur jeweiligen Art vorlesen oder das später beim Abendessen nachholen. Mit den Becherlupen lassen sich Insekten einfangen, oder man fotografiert sie, um sie zu Hause bestimmen zu können. Wichtig: Die Insekten immer sofort wieder an Ort und Stelle freilassen.

Entdeckungstour an einem Gewässer

Sowohl fließende als auch stehende Gewässer sind für Kinder sehr spannend. Die dortige Lebenswelt ist vom Land aus nicht immer auszumachen, sie birgt also allerlei Überraschungen.

Planung

Schnell fließende Gewässer eignen sich eher nicht so gut für einen Ausflug mit Kindern. Zum einen kann es hier mit kleinen Kindern gefährlich werden, zum anderen wird man nicht so viele Tiere finden. Kleinkinder, die noch nicht schwimmen können, sollte man besser mit einer Rettungsweste ausstatten, wenn man an Gewässern unterwegs ist, die nicht über einen flachen Uferbereich verfügen – das ist vor allem für die Erwachsenen um einiges entspannter. Im Sommer werden stehende Gewässer in den Abendstunden oft von vielen Mücken aufgesucht, es kann also sinnvoll sein, dort am Mittag auf Entdeckungstour zu gehen.

Ausrüstung

Die erwähnte Rettungsweste kann für eine gewisse Entspannung sorgen. Gerade wenn man mittags unterwegs ist, sollte an Sonnenschutz in Form eines Hutes und Sonnencreme gedacht werden. Außerdem ist es wichtig, genug Trinkwasser und etwas zum Essen mitzunehmen. Im Onlinehandel gibt es Dutzende Varianten von Wasserkeschern, die zum Teil mit praktischem Teleskopstiel ausgerüstet sind. Mit ihrer Hilfe kann man die Gewässer-Tierwelt einfangen, um sie danach in einem geeigneten Eimer zu beobachten. Praktisch ist ein Eimer, in den der Kescher vom Umfang her hineinpasst. Zusätzliche Becherlupen oder zur Not Glasbehälter (wie Joghurtgläser) können auch hilfreich sein.

Inhalte

Wenn man Tiere im und am Wasser beobachten möchte, kann man sich dem Uferrand zunächst ganz langsam und leise nähern, um die Tiere nicht aufzuschrecken und zu vertreiben. Wenn man sich dann dort hinsetzt und den Blick schweifen lässt, kann man vielleicht Frösche entdecken, die absprungbereit auf Pflanzen oder halb im Wasser sitzen. Zudem kann man Steine oder Stöcke aus dem Wasser holen und die Unterseite betrachten – vielleicht findet man dort Muscheln oder Larven von Eintagsfliegen oder von Köcherfliegen. Die Stöcke nach kurzem Bestaunen dann wieder vorsichtig zurücklegen, da die Tiere sonst austrocknen und sterben würden.

Möchte man mit dem Kescher auf Jagd gehen, wird das Netz langsam in das Wasser eingetaucht und ruhig durchgezogen, um so wenig Unruhe wie möglich zu verursachen. Schnelle, ruckartige Bewegungen könnten Tiere erschrecken oder verletzen. Bei Fließgewässern ist es am besten, den Kescher gegen die Stromrichtung zu ziehen, sodass kleine Tiere und Pflanzen in den Kescher gedrückt und nicht einfach aus dem Netz gespült werden. Das Netz wird dann vorsichtig aus dem Wasser gehoben und in den mit Wasser gefüllten Eimer gesetzt. Nun kann man die gefangenen Tiere in Ruhe beobachten. Nach wenigen Minuten sollte man die Tiere mit dem Kescher wieder an derselben Stelle ins Wasser geben, an der man sie entnommen hat. Den Kescher vorsichtig im Wasser ausschütteln und den Eimer am Ende ins Gewässer entleeren. Übrigens lassen sich Becherlupen oder Joghurtgläser hervorragend einsetzen, um die gefangenen Tiere von allen Seiten zu betrachten.

Quellen und weiterführende Links

Woher kommen die dicken Beulen an manchen Bäumen?
www.pflanzenforschung.de/de/pflanzenwissen/journal/pflanzen-pa-
thogen-interaktion-894

Warum sind Pflanzen grün?
Peter H. Raven, Ray Franklin Evert, Susan E. Eichhorn: Biologie der Pflan-
zen. De Gruyter 2006
Neil A. Campbell, Jane B. Reece: Biologie. Pearson 2016

Was sind das für komische Hörner auf den Buchenblättern?
www.pflanzengallen.de
www.fazemag.de/eulbergs-heimische-gefilde-raetselhafte-naturphae-
nomene/
https://botanischergarten.linz.at/9444.php

Schaden Efeu und Misteln den Bäumen?
www.scinexx.de/service/dossier_print_all.php?dossierID=240623
www.nabu-aachen.de/efeu-nicht-von-baeumen-entfernen/
Hartmut Balder, Anke Reuter & Ralf Semmler: Handbuch zur Baumkon-
trolle. Blatt-, Kronen-, Stammprobleme. Patzer 2003
Hartmut Dierschke: Zur Lebensweise, Ausbreitung und aktuellen Verbreitung von Hedera helix, einer ungewöhnlichen Pflanze unserer
Flora und Vegetation. In: Hoppea 66.2005: 187–206

Welche Giftpflanzen gibt es bei uns?
Liste der Giftnotrufzentralen: www.bvl.bund.de/DE/Arbeitsbereiche/01_
  Lebensmittel/03_Verbraucher/09_InfektionenIntoxikationen/02_
  Giftnotrufzentralen/lm_LMVergiftung_giftnotrufzentralen_node.
  html

Haben Tiere und Pflanzen Gefühle?
Torben Halbe: Das wahre Leben der Bäume. WOLL-Verlag 2017
www.pflanzenforschung.de/de/pflanzenwissen/journal/alarm-elektro-
  signal-auch-pflanzen-besitzen-glutamatreze-10118
Appel HM, Cocroft RB. Plants respond to leaf vibrations caused by insect
  herbivore chewing. Oecologia. 2014; 175(4): 1257–1266. doi:10.1007/
  s00442-014-2995-6
https://bmscblog.wordpress.com/2014/02/12/sensory-organ-disco-
  vered-in-sponges-help-them-respond-to-their-environment-despite-
  having-no-nervous-system/

Frieren Enten, wenn sie im kalten Wasser schwimmen?
www.spektrum.de/frage/wieso-erfrieren-voegeln-im-winter-nicht-die-
  fuesse/905710
www.wdr.de/tv/applications/fernsehen/wissen/quarks/pdf/Q_Kaelte.
  pdf
www.nabu.de/tiere-und-pflanzen/voegel/vogelkunde/gut-zu-wis-
  sen/10443.html
David J. Randall, Roger Eckert, Warren Burggren & Kathleen French:
  Tierphysiologie. Georg Thieme Verlag 2002

Warum sind manche Seen so grün?
www.tirol.at/blog/b-krimskrams/farbe-der-bergseen
www.bdew.de/service/publikationen/oekolandbau-in-wassergewin-
  nungsgebieten/
https://lfu.brandenburg.de/daten/n/natura2000/managementpla-
  nung/576/FFH-MP-576-Kurzfassung.pdf

Warum hämmert der Specht?
www.vielfalt-der-natur.de/von-spechthoehlen-und-nistkaesten/
www.nabu.de/tiere-und-pflanzen/aktionen-und-projekte/vogel-des-jahres/2014-gruenspecht/16253.html
www.bund.net/bund-tipps/detail-tipps/tip/unser-tipp-im-dezember-der-specht/
www.lbv.de/ratgeber/naturwissen/artenportraits/detail/dreizehen-specht/

Welches sind die gefährlichsten Tiere in unserem Land?
Studie des Norwegischen Instituts für Naturforschung (NINA): »The fear of wolves: A review of wolf attacks on humans« (2002)
www.ivh-online.de/der-verband/daten-fakten/anzahl-der-heimtiere-in-deutschland.html
www.fli.de/de/institute/institut-fuer-molekulare-virologie-und-zellbiologie-imvz/referenzlabore/woah-und-nrl-fuer-tollwut-who-cc/
www.rki.de/DE/Content/InfAZ/W/WestNilFieber/West-Nil-Fieber_Ueberblick.html

Was machen Eichhörnchen nachts?
https://niedersachsen.nabu.de/tiere-und-pflanzen/voegel/vogelarten/eulen/22839.html
Hendricks JC, Finn SM, Panckeri KA et al. Rest in Drosophila is a sleep-like state. *Neuron.* 2000; 25(1): 129–138. doi:10.1016/s0896-6273(00)80877-6

Sind Rehe junge Rothirsche?
www.spektrum.de/news/elche-die-rueckkehr-der-riesen/2084196
www.jagdverband.de/zahlen-fakten/tiersteckbriefe/reh-capreolus-capreolus
www.wald.de/tiere-im-wald/rotwild-der-hirsch/

Was tropft so klebrig von manchen Bäumen?
Anthony F. G. Dixon: Biologie der Blattläuse. Gustav Fischer Verlag 1976

Warum haben manche Ameisen Flügel?
https://liga-vogelschutz.org/gravierender-rueckgang-der-ameisen/
www.deutschlandfunkkultur.de/bedrohte-oekosysteme-das-leise-sterben-der-insekten-100.html
Erik T. Frank, Marten Wehrhahn & K. Eduard Linsenmair (2018): Wound treatment and selective help in a termite-hunting ant. http://dx.doi.org/10.1098/rspb.2017.2457

Warum ist es so schwer, eine Fliege zu fangen?
Joachim & Hiroko Haupt: Fliegen und Mücken. Naturbuch Verlag 1998

Was machen die Schmetterlinge im Winter?
https://nrw.nabu.de/natur-und-landschaft/natur-erleben/naturtipps/winter/23598.html
www.pro-igel.de

Warum fliegen manche Vögel im Winter in den Süden und andere nicht?
Peter Berthold: Vogelzug. wbg, 7. Auflage 2012
www.nabu.de/tiere-und-pflanzen/voegel/portraets/amsel/

Sind Elstern fies, weil sie die Küken anderer Vögel fressen?
www.spektrum.de/news/hungrige-kraehen-arbeiten-mit-steinen-und-wasser/1004232
https://neobiota.bfn.de

Kann man im Moor versinken?
www.bund.net/themen/naturschutz/moore-und-torf/moortypen/
www.nabu.de/natur-und-landschaft/moore/deutschland/16345.html

Wie leben eigentlich Pilze?
www.scinexx.de/news/biowissen/was-ist-dran-am-wood-wide-web/
Rita Lüder: Grundkurs Pilzbestimmung. Eine Praxisanleitung für Anfänger und Fortgeschrittene. Quelle & Meyer 2018

Sind Pilze Pflanzen?
Sina M. Adl, David Bass, Christopher E. Lane et al. Revisions to the Classification, Nomenclature, and Diversity of Eukaryotes. J Eukaryot Microbiol. 2019; 66(1): 4–119. doi:10.1111/jeu.12691
http://tolweb.org/tree/
Wie bereits erwähnt, ändert sich ständig etwas am »Stammbaum« des Lebens, da es immer wieder neue Erkenntnisse gibt. Wer wissen möchte, welche Lebewesen miteinander verwandt sind oder zu welchen Gruppen einzelne Arten gehören, dem empfehle ich die Webseite des »Tree of Life Web Project«. Das Tree of Life Web Project (ToL) ist eine Online-Initiative, bei der sich viele Menschen zusammengeschlossen haben, um kostenfrei Informationen über die evolutionäre Geschichte aller bekannten Arten auf der Erde bereitzustellen und zu teilen. Das Projekt wurde im Jahr 1995 ins Leben gerufen und hat seitdem Tausende von Webseiten erstellt, die Einblicke in die Evolution und taxonomische Klassifizierung verschiedener Gruppen von Lebewesen wie Tiere, Pflanzen, Pilze und Bakterien geben.

Praktische Tipps fürs Draußensein mit Kindern
Manuel Larbig: Waldwandern. Penguin Verlag 2020
Manuel Larbig: Mein Wildkräuter-Guide. Penguin Verlag 2021
www.rki.de/SharedDocs/FAQ/FSME/Zecken/Zecken.html

Bildnachweis

Sämtliche Illustrationen stammen von Matthias Holz, Hamburg (illu@
kombinatrotweiss.de)
Privatarchiv Manuel Larbig: Seiten 12, 20, 57,148, 179.
Adobe Stock: Seiten 37, 45, 52, 101, 158.